HARMONIES

DE

LA NATURE

PAR

PAULIN TEULIÈRES,

Professeur de Sciences Naturelles, Officier d'Académie.

PRIX DE L'EXEMPLAIRE :

Convenablement Relié. 3 Fr. 50 c.
Broché.................. 2 — 50

~~~

PARIS,
CHEZ PAUL DUPONT, RUE JEAN-JACQUES-ROUSSEAU, 41

18..

HARMONIES

DE

LA NATURE

Ouvrages du même Auteur :

HISTOIRE NATURELLE

DANS SES APPLICATIONS GÉOGRAPHIQUES,

HISTORIQUES ET INDUSTRIELLES.

(5e édition).

OUVRAGE AUTORISÉ DANS LES ÉCOLES PUBLIQUES

Par S. Exc. M. le Ministre de l'Instruction Publique,

en date du 8 décembre 1863.

PETITES LEÇONS DU GRAND PAPA

(2e édition).

GÉOGRAPHIE ÉLÉMENTAIRE

(4e édition).

Sous presse :

GÉOGRAPHIE GÉNÉRALE

(2e édition).

HISTOIRE NATURELLE DES ANIMAUX SUPÉRIEURS

AVEC FIGURES COLORIÉES

(2e édition).

BAYONNE, typographie de veuve LAMAIGNÈRE, rue Chegaray, 39.

HARMONIES

DE

LA NATURE

PAR

PAULIN TEULIÈRES,

Professeur de Sciences Naturelles, Officier d'Académie.

PRIX DE L'EXEMPLAIRE :

Convenablement Relié. 3 Fr. » » c.
Broché................. 2 — 50

PARIS,

CHEZ PAUL DUPONT, RUE JEAN-JACQUES ROUSSEAU. 41

1869

A NOS BONNES ÉLÈVES

CHÈRES ÉLÈVES,

Miracle permanent de l'infinie sagesse et de la puissance infinie, la Nature nous offre à contempler un merveilleux spectacle : spectacle harmonique, où tout se concilie jusque dans les contrastes ; spectacle solennel, où toutes les perspectives aboutissent à Dieu, principe et fin de toute harmonie, comme de toute vérité, comme de toute vertu.

Mais, pour bien apprécier la majestueuse unité de l'ensemble, il faut d'abord considérer la disposition magnifique des détails. Il importe de voir surtout par quels rapports divinement calculés tous les phénomènes se tiennent et se répondent, pour se compléter et se parfaire réciproquement.

Essayons de signaler avec choix quelques-unes de ces innombrables harmonies.

Sans doute, une tâche si belle, si difficile et si digne exigerait à la fois tous les priviléges de l'imagination, de la science et de l'âme. Elle nous dépasse évidemment de tous points, quoique restreinte ici aux limites de nos modestes leçons. Mais, chères élèves, vous nous avez demandé souvent et nous vous avons promis de vous laisser, comme souvenir, un résumé de notre cours.

C'est donc à vous que nous adres-

sons ces pages et que nous les dédions;
à vous, qui nous avez rendu si doux
les devoirs du professorat. Nous espé-
rons que, dans vos moments de loisir, vous y trouverez du moins une lec-
ture utile, une distraction délicate, un
noble délassement. Nous savons surtout
qu'à la vue des beautés sublimes de la
Création, votre pensée, passant bien vite
du monde physique au monde moral,
et de l'admiration à la reconnaissance,
s'élèvera, fervente et pure, comme un
hommage au Créateur.

Désormais, il ne reste plus en nous
qu'un désir. Après avoir consacré notre
vie à l'éducation des jeunes personnes,
nous serions heureux que cet ouvrage,
écrit pour elles, reçût aussi des Mères
de famille un accueil bienveillant. Nous
serions heureux qu'il inspirât l'idée de
généraliser dans les pensionnats de de-
moiselles l'étude des *Harmonies de la*

Nature, que nous avons établie nous-même, depuis plus de vingt années, dans nos plus notables institutions : étude supérieure et chrétienne, qui devrait couronner toutes les autres; mais, en même temps, étude aimable et gracieuse, qu'on pourrait appeler la poésie de l'Enseignement.

Quoi qu'il en soit, notre première récompense nous est déjà venue d'où nous devions l'attendre. En écrivant ce livre, en effet, nous avons goûté les suprêmes satisfactions de l'esprit et du cœur; car, à mesure que nous trouvions dans chaque être une merveille et, dans chaque prodige, un bienfait, notre intelligence éclatait, de plus en plus ravie, et notre âme, de plus en plus émue, allait s'épanouir au sein de Dieu.

PAULIN TEULIÈRES.

HARMONIES DE LA NATURE.

ALTERNATIVE

DU JOUR ET DE LA NUIT.

Phénomène magnifique et bienfaisant, l'alternative du jour et de la nuit nous sollicite tour-à-tour au mouvement et au repos, en nous ménageant, sous ce double et inverse rapport, les conditions les plus favorables et les mieux assorties.

Et d'abord, il fallait que la transition de la nuit au jour et du jour à la nuit fût doucement graduée, nos yeux voulant être préparés à la lumière intense comme à la pleine obscurité. Or, voyez par quelles nuances

1

alternatives procède le soleil : son action
commence par les lueurs naissantes de l'aurore et finit par les rayons affaiblis du
crépuscule.

Il fallait, de plus, que l'aspect de la Terre
variât sans cesse, afin que le phénomène
quotidien ne devint pas monotone dans sa
périodique uniformité. Aussi remarquez avec
quel ordre, quelle précaution et, pour ainsi
dire, avec quelle condescendance, la métamorphose s'accomplit.

A peine le coq, qui doit annoncer la venue
du jour, a-t-il jeté sa première clameur,
peu-à-peu l'horizon s'éveille; et, tandis que
la montagne, la plaine, la vallée se dégagent successivement des légères vapeurs qui
les voilent, tout, par degrés, s'épanouit ou
se meut : depuis le liseron de nos champs
jusqu'au lilas de nos jardins; depuis le
merle de nos bois jusqu'au moineau de

nos maisons! Et que de charme déjà dans
ce petit lever de la nature! L'air est frais
et parfumé; sur les épines du chardon, la
rosée pose des saphirs, des topazes, des
diamants; dans la charmille, avant de partir, la fauvette caresse sa jeune famille,
tandis que l'hirondelle, au gazouillement de
la sienne, décrit au loin ses courbes gracieuses; sur tous les points, de nouvelles
fleurs se groupent en bouquets, une foule
d'oiseaux s'égayent dans le bocage, et des
milliers d'insectes, sur le gazon, scintillent
comme des rubis.

N'essayez pas de définir toutes ces formes,
de dénommer toutes ces couleurs, de signaler tous ces ornements, de compter toutes
ces provisions et tous ces convives; car, à
chaque instant et avec profusion, la terre
se pare, s'enrichit et s'anime. Des papillons
élégamment vêtus se balancent dans l'at-

mosphère, et des poissons argentés s'amu-
sent dans le lac. La haie se festonne en guirlandes et, depuis la vallée jusqu'à la montagne, chaque arbre, couvert de fruits, est
une cité aérienne peuplée d'hôtes aussi divers par le type et par la vestiture que par
la voix et par l'instinct.

N'essayez pas surtout d'analyser toutes
ces perspectives; car, à mesure que la lumière exalte ses rayons, les teintes deviennent plus nombreuses et plus vives; comme, aussi, le mouvement, de plus en plus,
s'accroît et s'étend : depuis l'âne, qui d'un
pas soumis porte le bât sur le chemin, jusqu'au chamois indépendant qui bondit tout
à l'aise sur la crête des rochers. Et, tandis
que la baleine, dans l'Océan, fait son écu-
meux sillage, la frégate glisse au-dessus des
flots sans les toucher de son aile, et des
mollusques diaphanes voguent à la surface

des eaux avec leur nacelle de nacre et leur
rame de pourpre.

Enfin l'astre du jour, radieux de sa magique influence, revêt graduellement tout
son éclat; le ciel et la mer, aux confins de
l'horizon, se confondent en une même teinte
azurée. La scène est prête, car la plaine a
partout achevé sa parure et, sur la roche
granitique, l'acanthe a mis ses vertes rosa-
ces comme un architecte ses décors.

Mais, pour qui donc tous ces embellisse-
ments, toutes ces ambroisies, tous ces con-
certs? Pour qui, toutes ces fleurs, toutes ces
richesses? pour qui, toutes ces plantes et
tous ces animaux? — Pour l'homme et pour
lui seul, car lui seul peut admirer.

Dès qu'il paraît, voyez comme tout recon-
naît et salue sa souveraineté. Le chien in-
terroge son moindre geste pour y prendre
ses ordres, et le cheval hennit d'impatience

pour les exécuter. Le bœuf, pour le servir,
s'attelle docile, à la charrue, et la vache
se rend, joyeuse, au pâturage pour lui pré-
parer un lait plus savoureux. Afin de répondre à ses besoins et même à ses désirs, la
chèvre et la brebis lui livrent leur belle toi-
son, comme la poule et la cane leur nombreuse couvée; l'abeille va sur les monts
recueillir la cire et le miel, le bombyx, aux
branches du mûrier, file sa coque soyeuse,
et l'eider, au sommet de la falaise, dépose
un duvet précieux, pendant que l'avicule
fabrique des perles au fond des mers.

Tout semble calculé pour le servir ou
pour lui plaire. L'atmosphère se courbe en
dôme transparent au-dessus de sa tête et
le ruisseau passe, souriant, à ses pieds ; la
fontaine lui présente sa coupe limpide; la
forêt, ses arcades ombreuses; la vigne, sa
grappe sucrée; la colline, sa charmante

étagère; l'espalier, ses fruits exquis; et le
marronnier, dans les parcs, arrondit son
vaste feuillage, tandis que le palmier s'élève
en svelte colonne, pavoisant sa cime verdoyante comme un signal dans le désert.
Toutes les fleurs rivalisent de grâce, d'arôme
et de couleur; le bluet tourne vers lui sa
corolle d'azur: l'oranger, son fruit d'or, et
le lis, son calice d'argent. Le faisan lui envoie ses reflets métalliques, le paon étale
devant lui toutes les gemmes de son aigrette
et de sa queue; tandis que, messagère invisible, la brise, qui berce à la fois et les nids
et les fleurs, lui apporte avec les parfums
de la rose les mélodies du rossignol. Et remarquez ici une de ces harmonies de détail
qui se manifestent à chaque pas. Le rossignol, prince du chant, n'ayant de charme
que pour l'oreille, et le paon, somptueux
et fier, n'intéressant que le regard, voyez,

dans ses rapports avec nos sens, comme
diffère leur instinct : le rossignol se cache et
se fait entendre, le paon se montre et se tait.

  Que l'homme jouisse donc, sans partage,
de tant de faveurs qui ne sont faites que
pour lui. Toutefois, les sensations les plus
agréables fatigueraient assez vite ses organes, si elles étaient continues : il faut à ses
plaisirs une intermittence convenable. Aussi
voyez, à mesure que, sur tous les points
de l'horizon, les premiers silences de la nuit
se mêlent et se substituent aux derniers
murmures du jour, voyez comme peu à peu
la scène change. Déjà le liseron replie sa
corolle, tandis que la belle de nuit développe la sienne. Par degrés insensibles, les
fleurs les plus brillantes se ferment et se
ferment, tandis que d'autres, plus ternes,
s'ouvrent pour les remplacer. Les papillons
nocturnes restent .... et partout de

sombres phalènes. L'araignée prévoyante
après avoir réparé sa toile, se recueille dans
le tube moelleux qui, tour-à-tour, lui est
de refuge ou d'affût; la coccinelle tachetée
se blottit dans les sépales d'un calice, et
l'étonnant puceron dans le pli d'une feuille.
Déjà l'alouette a rallié ses petits, et la poule,
avec les siens, a repris au perchoir sa place
accoutumée; le canard regagne à pas lents
sa basse-cour, et le passereau, plus rapide,
a retrouvé son toit. Les agneaux se groupent
autour de leur mère, qui paisiblement les
ramène au logis. Reconduits à leur litière,
le bœuf, l'âne et le cheval se délassent de
leur fatigue, calmes, nourris et abrités; et
le chien, rentré dans sa niche, permet au
doit d'effectuer en paix sa ronde silencieuse.
Avertis par la dégradation successive de la
lumière, le soir aux chasseurs peuvent re-
.... leur course lointaine, et

les espèces voyageuses ont aussi le temps de choisir leur station.

Cependant, de plus en plus, le jour baisse, les formes s'effacent ainsi que les couleurs, le mouvement diminue, le bruit cesse, tout invite l'homme au repos. L'homme s'endort, et la nuit commence.

Alors le lièvre, rassuré, quitte son gîte et se promène dans les guérets; la fouine, si prudente, sort tranquille de son terrier. La chauve-souris vient prendre dans l'air les fonctions de l'hirondelle, qui s'est retirée. La rainette, qui n'a plus à craindre le bec du canard, saute avec légèreté sur la mousse, ou nage avec prestesse dans le ruisseau; le ver-luisant, dans les sentiers, illumine les buissons; et, sous le sol, la taupe infatigable exécute ses déblais. Quelques cris rares et lointains se produisent encore: le grillon chante au seuil de sa demeure, le hibou sur

ses ruines, la grenouille dans son marais;
toutefois, privés de la présence du maître,
qui ne doit presque jamais ni les entendre
ni les voir, les animaux nocturnes portent,
dans leur voix, la tristesse, et, dans leur
livrée, le deuil. Et pourtant, ne vous y trom-
pez pas, chacun de ces êtres remplit un
office et, plus ou moins directement, tous
nous sont utiles, quoique leurs services
soient souvent ignorés et parfois méconnus.

Enfin la nuit règne, le mouvement paraît
mourir sur tous les points, et pour peu que
la mer s'apaise à son tour, sa surface lisse
est alors une sorte de glace immense où les
étoiles, de loin, semblent se voir, comme la
Lune, de près, vient s'y mirer.

La puissance végétative s'assoupit elle-
même. Soustraite à son principe excitateur,
elle ralentit et suspend son action. Presque
toutes les plantes s'endorment, chacune

dans une position qui lui est propre et, pour ainsi dire, avec des précautions particulières : depuis le lotus, qui entoure sa fleur de trois bractées comme d'un triple rideau, jusqu'à la sensitive, qui contracte toutes ses feuilles, pour offrir au vent moins de surface.

Toutefois, la nuit n'est pas seulement chargée de détendre, pour les rénover, les forces végétatives; elle doit encore restreindre l'évaporation et condenser même, plus ou moins, la vapeur atmosph'rique. Sans elle, en effet, le ruisseau serait tari dans sa source, et le lac ne pourrait maintenir son niveau; sans elle, plus de brise dans l'air, par conséquent, plus de rosée dans la prairie, plus de verdure dans les champs; sur l'horizon desséché, plus de végétation et, dès lors, plus de vie.

Ainsi, par l'intervention salutaire de la nuit, tout, dans les deux règnes organiques, se rafraîchit, se repose et se refait.

Mais, tandis que l'homme renouvelle dans
le sommeil toutes ses facultés, ses communications avec le Créateur ne sont point in-
terrompues; car il est des âmes choisies qui
prient dans la retraite, et même, dans le
monde physique, il est une intelligence
d'élite qui veille pour contempler. Ce savant,
c'est l'astronome. Et remarquez comme son
heure est bien venue. Le soleil a disparu
pour ne pas éblouir son regard, pour permettre à son télescope de mieux saisir, jusque dans les profondeurs indéfinies de l'espace, ces globes innombrables dont il étu-
die le mouvement, la distance et les lois.
Laissons-le s'extasier aux splendeurs du firmament, qui lui révèlent et qui lui dictent
ce qu'il doit ensuite nous transmettre; car
le génie, quand il sait être digne de son noble privilége, est le secrétaire même de Dieu.

Du reste, qui que vous soyez, la nuit a
pour vous d'autres prodiges, qui ne vous
demandent guère qu'un peu d'attention. En
effet, si les magnificences du jour semblent
faites pour ravir les esprits même les plus
superficiels, les merveilles de la nuit sont
réservées aux intelligences méditatives et
recueillies. C'est ainsi que la science est
stupéfaite en présence d'une chauve-souris,
dont la membrane alaire est tellement sensible qu'elle touche à distance et qu'elle
gouverne le vol sans le secours des yeux;
et l'acoustique n'ose compter les milliers de
vibrations qu'exigent, par seconde, les notes
singulièrement aiguës de ce mammifère si
petit et si dédaigné. Le naturaliste aussi s'arrête déconcerté devant une taupe, ne sachant
s'il doit le plus admirer ou l'exiguité de cet
œil presque invisible ou la conformation de
cette patte si propre à fouir. Et vous-même,

parmi ces crapauds que le vulgaire écrase
sous le pied du mépris, examinez un moment ce pipa. A travers sa peau transparente, observez le casier géométrique que
présente son dos. Vous croyez d'abord n'y
voir que des cases nettement circonscrites;
mais, si vous attendez quelques instants,
l'eau va rompre doucement cette enveloppe
si fine, et chacun de ces compartiments est
une cellule d'où sort à l'improviste un petit
être qui, tout aussitôt, nage avec vitesse,
choisit sa nourriture et se suffit enfin sans
avoir rien appris. Et si, le suivant encore
dans ses évolutions, vous l'apercevez qui
s'esquive et se dérobe sous la vase, c'est
qu'il est prévenu, par un secret avis, que
bientôt la nuit va finir. En effet, quelques
faibles rayons commencent à poindre vers
l'orient, et déjà les pompes du jour nouveau se préparent pour le réveil de l'homme.

Ainsi, dans cette alternative régulière du jour et de la nuit, le merveilleux et l'utile s'accompagnent toujours et s'allient; tout s'adresse à la fois et tout parle aux sens de l'homme, à son intelligence, à son cœur; et, jusque dans les moindres détails, tout, pour son bien-être, se coordonne et se répond.

Mais une harmonie suprême manque à toutes ces harmonies, si l'homme n'est pas reconnaissant, si son âme reste froide aux attentions si délicates de la Providence; s'il ne comprend pas, enfin, quelle dignité doit rayonner de son front, puisqu'il est à la fois le pontife et le roi de la nature.

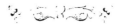

HARMONIES DE L'EAU.

. . . .

L'Eau couvre les deux tiers du globe, et s'étend des couches élevées de l'atmosphère aux profonds abîmes de l'Océan. Elle doit donc remplir partout des fonctions de premier ordre. Ces fonctions, si nécessaires, en effet, sont en même temps si nombreuses qu'on ne peut assez admirer comment se coordonnent et se lient les diverses propriétés qui répondent harmoniquement à chacune d'elles.

Et d'abord, c'est à l'état liquide que l'Eau se présente le plus dans la nature. Le calorique et la cohésion, ces deux forces essentiellement antagonistes, s'y trouvent alors en équilibre, ce qui la rend très-mobile et permet aux animaux aquatiques d'y circuler aisément. L'Eau, par l'extrême mobilité de ses molécules, prend donc facilement son niveau, obéit à la moindre pente et calque toujours la forme de son récipient. C'est ainsi que le plus petit ruisseau, qui descend dans la vallée, traduit par ses sinuosités les moindres ondulations du sol qu'il traverse; et, remarquez-le bien, tous ces accidents de terrain qui semblent entraver son cours, lui donnent, en réalité, plus de grâce.

L'Eau change d'état, dès que l'une des deux forces rivales prédomine : elle devient gazeuse par le calorique, ou bien solide par la cohésion. Elle est donc tour-à-tour solide, liquide ou gazeuse, et sur cette propriété repose essentiellement la formation régulière des rivières et des fleuves. Mais, pour que l'homme puisse assister à ce continuel changement d'état, il faut que la métamor-

phose s'effectue en des limites assez restreintes de chaleur et de froid. Précisément, et
par une particularité singulièrement assortie à cette condition, un simple changement
de température suffit pour que l'Eau prenne
alternativement l'état de glace et l'état de
vapeur. Mais, sous cette harmonie supérieure, voyez déjà que d'harmonies secondaires
viennent se produire. Quand la vapeur, par
l'action solaire, monte dans l'air, elle se
fait, comme lui, transparente et légère;
puis, lorsqu'elle arrive aux plus hautes cimes, elle se solidifie à l'image du granit
sur lequel elle s'arrête; enfin elle reprend la
forme liquide, pour redescendre à l'Océan.
Et voyez comme le beau s'ajoute à l'utile
dans ce mouvement de l'Eau, qui sans cesse
l'enlève et la ramène à son grand réservoir :
la vapeur qui traverse l'atmosphère la ra-
fraîchit sans doute et la purifie, mais elle

la revêt aussi d'une belle teinte azurée; la
neige qui se forme au front des montagnes
s'y tient en réserve pour alimenter les sour-
ces, mais remarquez qu'elle s'y pose en diadème resplendissant; et l'Eau, qui des montagnes revient à la mer, sillonne l'horizon
pour le fertiliser, mais, de plus, elle le décore de sa courbe élégante et l'anime de son
doux mouvement.

Toutefois, cette principale propriété physique de l'Eau exige absolument une propriété chimique qui lui corresponde; car,
pour que l'Eau puisse, sans se décomposer,
être ainsi soumise aux changements d'état
les plus extrêmes, il faut que ses principes
constituants soient retenus l'un à l'autre
par une force souveraine, condition qui se
trouve parfaitement satisfaite, puisque les
deux éléments de l'Eau, l'oxygène et l'hydrogène, ont entre eux une puissante affinité.

Et, dans cette composition chimique si pleine d'harmonie, comment ne pas constater encore deux points éminents. D'une part, l'Eau, par son hydrogène, est une mine inépuisable de combustible, et même du combustible le plus pur, le plus propre et le plus calorifique. D'autre part, l'oxygène et l'hydrogène étant parties intégrantes de tous les êtres organisés, on prévoit toute l'importance de l'Eau dans les phénomènes de la végétation et dans les phénomènes de la vie. Effectivement l'Eau, par elle-même, est indispensable à l'animal, ainsi qu'à la plante. Elle l'est aussi par les diverses substances qu'elle tient toujours en dissolution; car, à l'état liquide, elle n'est jamais pure et ne doit jamais l'être.

Ainsi l'Eau doit être aérée, c'est-à-dire contenir une certaine quantité d'air, afin de devenir une boisson salubre et sapide, afin d'être appropriée à l'arrosement même des plantes, afin surtout de rendre possible la respiration des animaux qui doivent y vivre submergés. Et notons, en passant, une circonstance qui vient compenser le peu d'activité de l'appareil respiratoire dans les animaux aquicoles. L'air est un mélange d'oxygène et d'azote ; or, l'Eau ayant plus d'affinité pour le premier de ces gaz, il en résulte que l'air dissous est plus oxygéné que l'air atmosphérique et, par conséquent, plus efficace.

Mais voyez encore comme les propriétés s'appellent et se répondent. L'habitabilité de l'Eau exige qu'elle ne soit pas sensiblement compressible; car, si elle l'était d'une manière notable, les couches profondes de la mer, sous l'énorme pression des couches superposées, deviendraient si denses que le poisson lui-même, nageur énergique, ne

pourrait s'y mouvoir. Au contraire, pour
rendre la natation plus facile aux animaux
divers qui l'habitent, l'Eau exerce sur eux
une poussée qui agit en sens inverse de la
pesanteur et diminue leur poids d'autant
plus qu'ils ont plus de volume.

Ajoutons que, pour assurer le bien-être
de ces animaux, pour les protéger tour-à-
tour contre les températures extrêmes, elle
conduit mal le calorique. C'est ainsi que, l'été,
la couche supérieure d'un lac, d'un fleuve,
d'une mer, au lieu de transmettre aux couches inférieures la chaleur excessive du soleil,
se l'approprie pour se gazéifier; cette circonstance est bien essentielle, car les mollusques et les infusoires, à corps gélatineux,
seraient coagulés, si la température de la
masse liquide dépassait une certaine limite.
Par la même raison, en hiver, l'Eau retarde
puissamment la déperdition du calorique

dans les animaux aquicoles. Bien mieux, elle se signale ici par une propriété qui est d'autant plus remarquable qu'elle est plus inattendue. Tandis que les autres corps se contractent en passant de l'état liquide à l'état solide, l'Eau en se solidifiant, se dilate, mais seulement pour diminuer un peu sa densité.

Il est facile de comprendre ce qui en résulte. Quand une nappe d'eau se congèle, la couche solidifiée, devenue plus légère, monte à la surface et fonctionne comme un écran pour protéger contre le froid les couches inférieures, qui restent ainsi liquides. Au contraire, quand l'Eau se gazéifie, elle se dilate considérablement pour n'avoir que la densité correspondante à celle des couches atmosphériques qu'elle doit pénétrer. Mais on comprend aussi que cette densité limite la hauteur à laquelle la vapeur peut monter, puisqu'elle arrive graduellement à des couches qui, se raréfiant de plus en plus, deviennent aussi légères que la vapeur elle-même.

C'est ainsi que tout s'arrange et se mesure sous le compas divin.

L'affinité de l'Eau pour le sel est aussi très-grande; elle doit l'être, ne fût-ce que pour mieux garantir la salure de la mer. Cette masse liquide, destinée à nourrir une multitude innombrable d'animaux, ne peut être nutritive qu'à la condition de contenir des substances organiques, substances qui tendent à l'altérer par leur décomposition, et c'est pour prévenir cette corruption de l'eau que le sel agit comme principe éminemment conservateur. Cette salure reste toujours dans la même proportion, parce que le sel, abandonné par l'eau qui s'évapore, est repris par l'eau que ramènent les fleuves ainsi que la pluie. Mais, s'il est né-

cessaire que la mer soit salée, il importe
tout autant que la vapeur et la glace ne le
soient pas. La solution du problème se
dégage de la prédominance alternative des
forces physiques et des forces chimiques.
L'Eau peut être isolée du sel par deux actions inverses, par la chaleur et par le
froid : la chaleur lui donnant la forme
gazeuse que le sel ne peut prendre, et le
froid lui imposant une cristallisation qui ne
peut se concilier avec celle du sel. La force
physique l'emporte donc sur la force chimique, d'où résulte que la vapeur qui se
liquéfie, ainsi que la glace qui se fond, produit toujours de l'eau douce. Mais l'affinité
chimique, à son tour, combat l'évaporation
de la mer dans les climats chauds, et nous
touchons ici à une harmonie géographique
bien remarquable. A l'Equateur, la proportion de sel est forte afin de brider l'évapo-

ration qui, sous l'aiguillon du soleil, mar-
cherait trop vite; tandis qu'elle est nulle
vers le pôle pour ne pas la retarder, car
l'évaporation de la glace est d'elle-même
assez lente. Vraiment l'admiration ne sait
où s'arrêter le plus parmi tant de phénomènes si grands dans leur résultat et pourtant si simples dans leur cause.

L'affinité de l'Eau pour le sucre mérite,
elle aussi, toute notre attention. Il importe,
en effet, que l'Eau s'unisse aisément avec ce
corps, afin de le mieux condenser dans la
pulpe de nos fruits. Et notez bien que la
proportion du sucre dans nos vergers est,
pour ainsi dire, parallèle à celle du sel
dans l'Océan, c'est-à-dire que les fruits
sont très-sucrés dans les zones intertropicales et ne le sont pas dans les zones polaires. Ce parallélisme s'explique par la
même loi d'harmonie. Le sucre, conserva-

teur comme le sel, empêche la corruption des fruits, que la chaleur humide déterminerait promptement. Et puis le sucre étant aussi, pour nous, antiseptique, ne faut-il pas dès lors qu'il soit plus abondant, plus concentré dans les climats torridiens.

Notons encore que l'Eau, le grand dissolvant de la nature, a plus ou moins d'affinité pour la chaux et pour le fluor. Elle doit effectivement en dissoudre des proportions convenables, afin de nous fournir sans cesse et l'ivoire de nos os et l'émail de nos dents.

Mais ne poussons pas plus loin la longue énumération des corps solides, liquides ou gazeux que l'Eau tient en dissolution; car, après le fer et le soufre, après le chlore et l'iode, après la potasse et la magnésie, comment spécifier tant d'autres substances thérapeutiques que l'eau minérale met à la disposition du médecin, non-seulement à divers degrés de concentration, mais encore à différents degrés de température ?

Passons plutôt à une des propriétés les plus étonnantes de l'Eau : sa grande capacité thermique, c'est-à-dire la propriété de prendre une quantité considérable de calorique sans s'échauffer beaucoup et d'en perdre une égale quantité sans beaucoup se refroidir. L'Eau devient ainsi un puissant modérateur de la température à la surface du globe, puisque, en conservant à peu près sa propre température, elle modifie beaucoup celle des autres corps, par le calorique qu'elle leur cède ou par celui qu'elle leur prend.

L'Eau est transparente et doit l'être pour ne pas dérober à notre vue les êtres qui l'habitent, et qui demandent aussi pour eux-mêmes que la lumière leur arrive dans une certaine mesure.

L'Eau transmet le son beaucoup mieux que l'air. Elle tend par cela même à compenser en partie ce qui manque à l'oreille du poisson, par exemple, qui, sans cesse submergée, n'a pas et ne doit pas avoir d'orifice extérieur.

Quant à la place et à la distribution de l'Eau sur la terre, elles se tiennent par d'intimes rapports dont l'analyse peut suivre sans peine l'enchaînement.

Le poids spécifique de l'Eau lui assigne la place qu'elle occupe entre le sol, qui la soutient, et l'air qu'à son tour elle supporte. Mais elle présente beaucoup plus de surface que de profondeur, afin de mieux multiplier avec l'un et avec l'autre ses points de contact. Du reste, elle leur est intermédiaire encore sous un double rapport : sous le rapport de l'état physique, car le sol est toujours à l'état solide, tandis

que l'air est toujours à l'état gazeux; et
sous le rapport de la mobilité, puisque,
normalement, le sol jamais ne se déplace,
tandis que l'air n'est jamais en repos.

Signalons surtout la place chimique qui
lui est faite parmi les corps binaires, place
limitrophe, intermédiaire entre les acides et
les bases. Elle sert ainsi de transition entre
ces deux grandes classes de corps composés; de plus, elle est douée d'une égale ap-
titude à fonctionner comme base avec les
acides, et comme acide avec les bases. Enfin
le chimiste ne nous pardonnerait pas d'oublier une particularité qui est, en effet, fort
remarquable. L'oxygène et l'hydrogène ont
entre eux une grande affinité. Cependant
leur combinaison ne peut s'effectuer qu'à
la température rouge, condition bien nécessaire pour prévenir de formidables explo-
sions, et bien nécessaire aussi pour que

l'hydrogène reste libre quelque part, afin de s'unir avec d'autres corps, par exemple, avec l'azote, avec le carbone : avec l'azote, pour fournir aux plantes l'ammoniaque ; avec le carbone, pour composer tous les parfums de nos fleurs.

Mais il est un élément, le potassium, qui, même à froid, décompose l'Eau et la décompose avec flamme, ce qui provient de son extrême affinité pour l'oxygène. Pour obvier aux effroyables catastrophes que déterminerait ce phénomène, le potassium n'est jamais en liberté dans la nature. Il s'y trouve toujours ou bien déjà combiné avec l'oxygène, ou bien enchaîné dans des combinaisons qui s'opposent à son action sur l'Eau.

Les propriétés négatives de l'Eau sont tout aussi parfaitement calculées que ses propriétés positives. Elle n'a sensiblement ni odeur ni saveur. Cette double condition se justifie

d'elle-même, car l'Eau, se trouvant toujours
mêlée à l'air, est sans cesse en contact avec
les sens de l'odorat et du goût. Or une sen-
sation, même la plus suave, nous devient
insupportable dès qu'elle est continue.

L'Eau est incolore, afin de laisser aux
corps qu'elle contient la couleur qui leur
est propre. Mais, selon ses divers états, elle
se comporte avec la lumière d'une façon
bien différente. A l'état solide, elle réfléchit
la lumière blanche, symbole de sa pureté;
c'est par cette propriété remarquable que la
glace et la neige accumulées dans les zones
glaciales rendent moins obscure la longue
nuit des pôles. A l'état liquide et à l'état
gazeux, l'Eau, vue sous une plus ou moins
grande épaisseur, décompose la lumière et
revêt ainsi diverses teintes ou de vert ou de
bleu, c'est-à-dire les couleurs qui sont les
plus amies de l'œil.

Au point de vue chimique, l'Eau n'a pas
d'affinité pour la graisse, pour l'huile, et ne
se combine point avec le sable, avec le granit. Il en résulte que les animaux aquatiques,
étant lubréfiés d'une substance adipeuse, se
trouvent efficacement protégés contre l'ac-
ton dissolvante de l'eau; et le cygne, par
exemple, avec son plumage lustré, glisse à
la surface du lac sans se mouiller, s'appuyant
sur le liquide, qui, pour ainsi dire, ne le
touche même pas. Comme aussi, de ce que
l'Eau ne s'unit pas aux matières siliceuses,
il résulte qu'elle reste presque pure quand
elle coule sur un sol granitique. Il est donc
facile de s'expliquer pourquoi c'est toujours
sur le sable ou sur le gravier que reposent
la fontaine, le fleuve et la mer elle-même.

Toutefois l'Eau est le grand dissolvant de
la plupart des corps liquides, comme aussi
d'un nombre considérable de corps solides

et de corps gazeux, auxquels elle doit, en
effet, servir de véhicule.

Maintenant changeons de perspective et,
après avoir analysé les principales utilités
de l'Eau, considérons avec intérêt son rôle
ornemental.

Des trois parties constitutives de notre
planète, l'Eau est celle qui contribue le plus
diversement à l'embellir, parce qu'elle n'est
point frappée, comme le sol, d'une immobilité permanente; ni, comme l'air, d'une
permanente invisibilité. Elle intervient partout, et partout avec une sorte de primauté,
dans les scènes les plus grandioses comme
dans les sites les plus ravissants. Ici, c'est
la mer qui, aux rayons ardents du soleil,
étale majestueusement ses ondes à reflet
d'émeraude et à crête argentée; ou bien,
mêlant sa colère à celle de l'aquilon, brise
ses vagues avec fracas sur le roc de la falaise;

ou bien encore, au regard paisible de la
lune, semble déposer un à un sur la plage
ses flots endormis. Là, c'est une rivière qui,
du ruban bleu de ses eaux, dessine coquet-
tement tous les contours de la vallée; ou
bien, c'est un fleuve qui, boa gigantesque,
déroule à travers la plaine ses immenses
replis. Ici, c'est la rosée, qui se suspend en
perles diaphanes aux épines du buisson;
ou bien le givre, qui couvre de blanche
dentelle les rameaux dépouillés de la forêt.
Là, c'est un lac dont le disque tranquille
réfléchit le ciel; ou bien c'est un glacier
dont les cristaux sans mesure et sans nombre scintillent au loin comme des diamants.
Plus haut, c'est un nuage transparent que
l'aurore vient iriser de vert, de pourpre et
d'or; ou bien, c'est une épaisse nuée, batterie formidable d'où l'électricité domine et
menace l'horizon; ou bien, c'est l'arc-en-

ciel, richement nuancé, qui vous sourit après
l'orage. Et si vous voulez que le merveilleux
se montre jusque dans les contrastes, voyez
comme les phénomènes géologiques inter-
viennent à leur tour. Ici, c'est un filet d'eau
douce qui jaillit du sein de la mer; ou bien
une colonne d'eau bouillante qui s'élance
du fond d'un glacier; là, c'est une haute
cataracte qui, à travers le granit déchiré,
se précipite en frémissante écume, ou bien
c'est une montagne de neige que le volcan
pavoise d'une aigrette de feu. En un mot,
présence de l'Eau partout; sinon, nos champs
seraient sans épis et nos bois sans feuillage; comme la fleur serait sans parure et
l'air sans ornement.

Terminons, quoique nous laissions à
dire, peut-être, beaucoup plus que nous
n'avons dit de cet agent naturel, dont les
fonctions utiles et les fonctions décoratives

se balancent en un merveilleux équilibre.
N'oublions pas du moins qu'au magnifique
concert qui, depuis la création, célèbre la
gloire de l'Être infini, l'Eau prend elle-
même une voix dans le gai murmure du
ruisseau, dans les sons graves de la cascade, dans le bruissement mystérieux de la
grêle, dans le mugissement solennel de
l'Océan.

Oh! que l'ignorance est donc coupable,
en regard des œuvres sublimes du Créateur! Qu'elle est ingrate d'abord, puisqu'elle
nous laisse inaperçus tous les bienfaits de
la Providence! mais encore qu'elle est in-
sensée, car elle nous prive de la plus noble
satisfaction que l'intelligence humaine puisse
goûter ici-bas, seul plaisir qui mène à Dieu
et qui soit, par conséquent, sans illusion,
sans fatigue et sans remords!

HARMONIES DE L'AIR.

———

Si l'importance d'un corps est proportionnelle, pour ainsi dire, à la place qui lui
est faite sur la terre, l'Air, qui en couvre
toute la surface, s'annonce par cela même
comme méritant, au plus haut degré, notre
étude. Essayons, en effet, de mettre en regard ses propriétés principales et ses principales fonctions, afin d'en mieux saisir les
rapports harmoniques.

L'Air est un gaz permanent, c'est-à-dire
un corps qui ne peut être solidifié, ni même
liquéfié par aucune force. Cette propriété
physique domine en lui toutes les autres;
car, tandis que les fonctions de l'Eau exigent
qu'elle soit tour-à-tour solide, liquide,

gazeuse, l'Air ne peut, au contraire, être
utile qu'en se maintenant toujours à l'état de
gaz. Et déjà nous y trouvons nous-mêmes
un double avantage, puisque l'Air, qui nous
enveloppe de toutes parts, laisse à nos mouvements un libre essor, et livre un passage
facile aux rayons que nous envoie le soleil.

Mais, bien que l'Air soit toujours gazeux,
il varie cependant de densité selon la température. Disons même que, se dilatant
beaucoup par la moindre chaleur, il se contracte beaucoup par le moindre froid ; d'où
résulte que son poids varie sans cesse. Or
cette simple circonstance suffit pour déterminer sa translation régulière autour du
globe, phénomène considérable et nécessaire qui s'explique facilement.

Dans les régions intertropicales, l'Air,
raréfié par la chaleur, s'élève plus léger et
cède l'horizon à la couche plus dense venue

des régions polaires, où, se déversant lui-
même, pour la remplacer, il se condense à
son tour par le froid et revient ensuite vers
l'équateur, c'est-à-dire à son point de départ.
Il y a donc, dans l'hémisphère-nord comme
dans l'hémisphère-sud, deux courants : l'un,
supérieur, qui va de l'équateur au pôle; l'autre, inférieur, qui marche du pôle à l'équateur. Ainsi la circulation de l'Air s'effectue
parallèlement à celle de l'Eau, et par une
cause identique, artifice d'une admirable
simplicité, puisqu'il ne consiste qu'en un faible et alternatif changement de température.

Et maintenant, à quoi répond ce grand
phénomène si facilement réalisé? Ce phénomène satisfait d'abord à deux conditions
de premier ordre : il maintient l'atmosphère
dans sa composition normale, et il en assure la salubrité. Arrêtons-nous un instant
à chacun de ces faits.

L'Air est un mélange de deux gaz qui
n'ont pas la mème densité. Ces deux éléments, s'ils étaient au repos, se sépareraient
donc plus ou moins, en obéissant à leur
poids spécifique ; mais le mouvement continuel qui agite leur mélange, en sauvegarde
l'homogénéité, parce qu'il neutralise la différence minime des pesanteurs.

Le second fait ne doit pas moins nous
surprendre. L'atmosphère est le réceptacle
commun de tous les corps volatils qui se
dégagent et du sol et de l'eau, comment
pourra-t-elle conserver sa pureté? Quelque
complexe que nous paraisse le problème,
gardons-nous bien de calomnier ces corps
nombreux qui ne prennent l'air pour véhicule qu'afin d'aller plus vite aux divers
points où, par leur concours, des combinaisons utiles doivent s'accomplir. En les
suivant dans leurs évolutions, nous les ver-

rions, en effet, assimilés bientôt par les
plantes, nous revenir sous forme de farine,
de fécule, d'huile, de sucre, de bois. Parmi
ces diverses substances, il en est, au vrai,
qui peuvent altérer l'atmosphère et la rendre impropre à la respiration. Mais, pour
obvier à ce péril imminent, voyez comment
la translation de l'Air se trouve coordonnée.
Evidemment les couches inférieures en sont
les plus compromises, c'est-à-dire les plus
chargées d'émanations terrestres; ce sont
celles, par conséquent, dont il importe le
plus d'éliminer les gaz dangereux. Eh bien!
rappelons-nous que le courant atmosphérique inférieur les porte naturellement dans
les régions équatoriales; or c'est là que les
attend ce purificateur souverain que l'on
appelle la foudre. C'est là, dans l'immense
laboratoire intertropical, que l'électricité
fonctionne tous les jours quelque part; elle

agit directement sur les gaz les plus délétè-
res, et les rend inoffensifs ou plutôt les uti-
lise en les transformant.

Dans les zones tempérées, la tendance des
corps à se volatiliser étant plus restreinte,
la foudre ne doit guère s'y produire qu'à
l'époque précisément où la température y
correspond à celle des climats torridiens.
Enfin, dans les zones glaciales, où le froid
enchaîne les substances volatiles, l'électricité
ne se manifeste qu'en foyer lumineux, afin
d'y remplir un autre office, mais office qui
a bien aussi son harmonie, puisque cette
lumière électrique compense notablement
l'absence prolongée du soleil. Et prenez
garde, l'absence semestrielle de l'astre du
jour vous semble une calamité peut-être.
Mais réfléchissez : ne faut-il pas qu'aux pôles, l'action calorifique soit suspendue assez
longtemps, afin que le froid y puisse plei-

nement effectuer son œuvre, c'est-à-dire
solidifier l'Eau d'abord, et puis la tenir en
réserve pour les dépenses excessives de l'été.
Sans doute, cette intermittence du soleil,
qui est pour l'ensemble du globe une condition essentielle, impose un certain sacrifice aux zones glaciales; mais remarquez
comme l'inconvénient s'y corrige lui-même
et s'atténue : l'Air, condensé par le froid,
produit, par voie de réfraction, une aurore
et un crépuscule qui, en somme, abrégent
de moitié cette longue nuit polaire, que suit,
par compensation harmonique, un grand
jour de six mois. Ainsi les circonstances les
plus éloignées viennent contribuer diversement aux mêmes fins, c'est-à-dire au bien-
être de la terre.

Mais une autre merveille ici vient s'offrir.
Le mouvement général de l'atmosphère se
complique de courants partiels qui, sans le

troubler, diffèrent entre eux de direction, de force, de vitesse. Ces courants, qui ont plus ou moins d'étendue, plus ou moins de durée, semblent naître au hasard et se mouvoir à l'aventure; et pourtant ils sont soumis à des règles précises. De plus, pour que l'harmonie se montre encore ici jusque dans les contrastes, les mouvements aériens les plus divergents sont tous régis par une seule et même loi, qui veut que le transport de l'Air s'opère toujours du point le plus froid vers le point le plus chaud.

Ajoutons que tous les courants, depuis le zéphir jusqu'à l'ouragan, sont calculés, chacun pour le service qui lui est propre.

Le zéphir, en son doux mouvement, porte d'une fleur à l'autre les grains délicats de pollen; il balance les corolles épanouies, pour en mieux répandre le parfum; il berce, en passant, le nid de la fauvette; il pousse d'un arbre à l'autre, par-dessus le torrent, la petite araignée qui se suspend tout exprès au bout d'un long fil ; il évapore la rosée, il distribue la fraîcheur sur tous les points. Mais, en même temps, moniteur fidèle et sûr, il avertit ou dirige une foule d'animaux divers : à la gazelle altérée qui l'aspire, il signale le voisinage de la source ou du lac; au renard affamé qui le flaire, il indique la trace invisible de la proie; au lièvre craintif qui l'écoute, il annonce de loin le danger.

Plus vif dans son allure et, par conséquent, plus intense dans ses effets, le vent a d'autres fonctions qui lui sont également assorties. Suprême régulateur du temps à la surface de la terre, il transporte d'un horizon à l'autre la chaleur ou le froid, la sécheresse ou l'humidité qu'il rencontre sur son passage. Grand semeur, il parcourt l'es-

pace, jetant çà et là les graines des arbres,
qui se nuiraient à l'envi, si elles n'étaient
convenablement distancées. Evaporateur rapide, il favorise singulièrement cette exhalation des plantes qui, par les vaisseaux
spiraux, fait monter la sève depuis la spon-
giole de la racine jusqu'au limbe de la feuille.
Véhicule et moteur tout à la fois, tantôt il
mène la nuée bienfaisante qui doit arroser
la prairie, et tantôt il chasse le nuage orageux qui vient menacer la moisson; ou bien,
il prête le secours de son aile à l'aile de l'oiseau voyageur, qui peut ainsi gagner sans
fatigue les pays lointains; ou bien encore,
auxiliaire spécial de l'automne, il dépouille
les bois de leur feuillage qui, désormais inu-
tile aux branches des arbres, va sur le sol
se changer en engrais.

Mais il est des moments décisifs où l'Air
doit développer une puissance mécanique à

laquelle le vent ne peut suffire. Alors c'est
l'heure de l'ouragan, fonctionnaire éminent
dont on méconnaît trop souvent les services.
L'égoïsme, avec sa courte vue, n'aperçoit
ici que les dommages qui l'atteignent; mais,
en réalité, que sont ces petits incidents auprès du résultat définitif, lié toujours à quelque loi de conservation, d'équilibre ou d'em-
bellissement? Voyez ces divers batraciens
qui se meurent dans la vase desséchée des
marais; après eux, leurs couvées elles-mêmes
sont au moment de périr; mais voilà que,
d'un trait, l'aquilon les emporte dans quelque nappe d'eau où petits crapauds et petites grenouilles vont bientôt éclore et nager.
Faut-il un autre genre d'effort? S'agit-il
d'arracher un chêne qui, ne végétant plus,
occupe inutilement le sol, voyez la trombe
qui s'enroule en spirale pour mieux enlacer
le colosse, et ce géant de nos bois est enlevé

comme une paille de nos champs. Faut-il
une action plus énergique encore; s'agit-il,
par exemple, d'émonder soudainement une
forêt? Voici la tempête qui, prenant de loin
son élan, accourt et se précipite; la forêt
plie sous le choc et, dans cette épreuve salutaire, les vieilles branches sont supprimées
pour faire place aux jeunes rameaux. Toutefois, le rôle principal de l'ouragan est de
balayer l'horizon encombré de débris qui
fatiguent les plantes et blessent le regard,
de dissiper bien vite les miasmes trop accu-
mulés en un point, et surtout de brasser de
fond en comble l'atmosphère pour la rénover complètement. Ainsi, ne lui reprochons
pas sa violence, qui est la condition même
de sa force; mais, bien plutôt, sachons admirer quelle prodigieuse puissance acquiert
par la vitesse un corps si peu consistant.

L'Air est invisible et doit l'être, afin de

laisser parfaitement ouvertes à nos yeux toutes les perspectives de l'espace. L'atmosphère est donc, par elle - même, incolore.
Cependant, la vapeur d'eau qu'elle tient en
suspension la revêt d'une teinte azurée : harmonie bien délicate, car l'atmosphère qui,
par sa transparence, nous invite à contempler le monde astronomique, semble en
même temps projeter les astres sur un fond
qui repose doucement la vue.

A l'harmonie de sa couleur ajoutons
maintenant l'harmonie de sa place.

Beaucoup plus léger que le Sol et que
l'Eau, c'est-à-dire beaucoup plus léger que
les deux autres parties constitutives du
globe, l'Air doit leur être, par conséquent,
superposé. Or cette place que lui assigne la
loi des densités, est précisément celle qui
s'approprie le mieux à toutes ses fonctions
et qui multiplie ses points de contact avec la

partie solide comme avec la partie liquide
de la terre. Une difficulté se présente cependant, on se demande où sera la limite et
quelle sera la forme de l'air atmosphérique;
car la science nous enseigne que tout corps
gazeux est doué d'une force expansive et indéfinie, de telle sorte que, pour circonscrire
son volume, il faut emprisonner ce corps,
c'est-à-dire ne laisser libre aucun point de
sa surface. Mais, d'une part, on ne peut
admettre que l'atmosphère soit close hermétiquement et, d'autre part, on ne peut
comprendre que, sans cette condition, elle
puisse avoir une limite précise, une forme
déterminée; eh bien! c'est par une double
harmonie que la pesanteur va tout concilier.
Chargée de faire régner l'ordre à la surface
de la terre en fixant à chaque corps la place
qui correspond à sa densité, cette force s'oppose à ce que les plus petites parcelles de la

planète aillent s'égarer dans l'espace. L'atmosphère se termine donc au point où ses
molécules se trouvent en équilibre entre la
force expansive qui tend à les faire monter
et la pesanteur qui tend à les faire descendre. Et admirons d'abord cette action contraire de deux agents invisibles sur un corps
invisible comme eux, lutte paisible et silencieuse qui a pour effet de terminer par une
courbe presque géométrique la surface libre
de cet Air, qui est pourtant si mobile. Remarquons encore que la pesanteur impose à
l'atmosphère une forme sphérique; car,
d'après les lois de l'attraction, les molécules
aériennes qui composent la couche la plus
superficielle doivent être équidistantes du
centre de la terre. Or, que d'harmonies seulement dans cette forme sphérique! C'est la
forme la plus gracieuse, la plus simple, la
plus parfaite. C'est la forme qui se calque

exactement sur celle de la terre elle-même.
C'est la forme qui donne à l'atmosphère la
propriété de produire tour-à-tour deux phénomènes bienfaisants : l'aurore et le crépuscule, c'est-à-dire cette transition inverse,
mais graduée, de la nuit au jour et du jour
à la nuit.

Passons à d'autres merveilles. Malgré son
peu de densité, l'atmosphère exerce à la surface du globe une énorme pression, parce
qu'elle y constitue une couche d'environ 60
kilomètres d'épaisseur. Il en résulte que
chacun de nous supporte un poids de plusieurs milliers de kilogrammes; et, circonstance déjà bien étonnante, nous n'en sommes pas écrasés, attendu que l'Air, par sa
force élastique, réagit en nous contre sa propre pression ; et, ressort infatigable, il réagit avec d'autant plus d'énergie qu'il y est
plus comprimé et plus chaud. Il s'ensuit

que, par exemple, l'air contenu dans nos poumons peut soutenir, sans peine, de dedans en dehors, la cage osseuse de la poitrine, aidé par le sang qui, comme tous les liquides, est presque incompressible. Mais voici bien un autre prodige, devant lequel l'intelligence s'arrête déconcertée : tandis que l'Air exerce sur nous une pression de 15,000 kilogrammes, *nous ne sentons même pas qu'il nous touche*. Effectivement l'Air est intangible, condition pour nous fort heureuse, car le moindre contact, senti sans intermittence et sur tous les points du corps à la fois, causerait une intolérable souffrance. Et voyez encore, par quelle autre harmonie, ce qui devait être un obstacle devient un auxiliaire. Cette pression de l'Air est d'une absolue nécessité pour maintenir à nos organes et leur forme et leur place. Sans elle, la peau serait douloureusement

distendue, nos yeux s'échapperaient de leur
orbite, et le sang, rompant les artères et les
veines, jaillirait de tous les points. Ajoutons
que la pression atmosphérique remplit en
même temps d'autres offices, et notamment
elle contient les fleuves dans leur lit et la
mer dans ses abîmes.

L'invisibilité et l'intangibilité ne sont pas
les seules propriétés négatives de l'Air; et
l'on doit prévoir qu'il n'a, comme l'Eau, ni
odeur ni saveur. Destiné, lui-même, au
transport des substances odorantes, l'Air
est sans odeur, afin de laisser sans mélange
aux fleurs, ainsi qu'aux fruits, leur parfum.

Une harmonie analogue exige qu'il soit
sans saveur, afin de ne pas altérer, en y mêlant la sienne, la saveur des autres corps.
Et puis, n'oublions pas que, pour le sens
du goût comme pour le sens de l'odorat,
une impression permanente, quelque suave

qu'elle fût, deviendrait insupportable par sa
continuité. Mais ce qui est fort remarquable
assurément, c'est que l'Air dissous dans
l'Eau lui donne une faible et agréable sapi-
dité; car chacun sait que l'Eau, privée d'Air
par l'ébullition, est lourde et nauséabonde.

L'Air n'est pas bon conducteur de l'électricité, condition nécessaire pour rendre
possible la formation de la foudre. Le nuage
peut ainsi devenir une immense bouteille
de Leyde, car l'électricité s'accumule à la
surface des innombrables petites bulles qui
le composent. Or la foudre a pour fonction
immédiate de rétablir l'équilibre électrique
entre l'atmosphère et l'horizon. De plus, en
réagissant sur les éléments mêmes de l'Air,
elle rend la pluie éminemment fécondante et
l'enrichit aussi de tous les miasmes qu'elle
a détruits.

L'Air n'est pas non plus bon conducteur

du calorique; sans cette propriété négative,
la déperdition de la chaleur serait si rapide
que l'homme ne pourrait conserver sa température normale, et que la plante elle-
même, en hiver, périrait par le froid. L'atmosphère est ainsi pour la terre un singulier vêtement, une sorte d'ouate transparente qui l'empêche, le jour, de trop s'é-
chauffer et, la nuit, de trop se refroidir.

Tout en continuant notre analyse, remarquons comme les propriétés positives et négatives de l'Air s'entrelacent sans se nuire,
ou plutôt comme elles se prêtent un mutuel
appui.

L'Air est très-poreux; de telle sorte que,
sans augmenter de volume, il peut contenir
une très-notable quantité de vapeur d'eau.
L'atmosphère est donc encore un récipient
fort étrange : par sa porosité, ce récipient
peut, aussi bien que le vide lui-même, ad-

mettre l'Eau qui se gazéifie; mais, en même temps, par son poids, il en modère l'évaporation; enfin, par sa résistance à la chute du nuage qui se résout en pluie, il disperse en gouttelettes cette masse liquide, à laquelle nous ne pourrions résister si elle tombait sur nous tout en bloc.

L'Air est très-subtil, afin d'avoir partout, pour ainsi dire, un facile accès; condition bien essentielle, car, dès que l'Air manque quelque part, ou s'y trouve en insuffisante proportion, l'animal n'y peut vivre ni la plante végéter. De plus, comme il doit remplir un rôle considérable dans les réactions fondamentales du règne minéral, sa présence est nécessaire même dans le sol.

Nous arrivons maintenant, par une transition toute naturelle, à la propriété caractéristique de l'Air, c'est-à-dire à sa composition chimique.

L'Air est un mélange de deux gaz : l'oxygène qui, par son importance, prime tous les autres éléments, et l'azote, qui est aussi un des principes constituants des plantes et surtout des animaux. Pour bien comprendre le parfait accord qu'il présente entre ses fonctions chimiques et ses deux éléments, notons d'abord que l'Air est le grand réservoir de l'oxygène, et qu'il doit le céder, non-seulement avec abondance, mais encore avec facilité. Or l'oxygène se sépare de l'azote d'autant plus aisément qu'il n'a guère d'affinité pour ce gaz, et qu'il ne lui est d'ailleurs associé qu'à l'état de simple mélange, c'est-à-dire à l'état libre. Mais ici la science rencontre un fait qui l'étonne et la dépasse. Tandis qu'un mélange peut s'effectuer en proportions indéfinies, comment se peut-il que, dans l'Air, les proportions d'oxygène et d'azote restent invariables? Et puis en-

core, autre surprise, comment l'atmosphère
peut-elle récupérer l'oxygène qu'elle fournit
sans cesse, quand on songe surtout à la con-
sommation d'oxygène que nécessitent la respiration de l'homme et celle des animaux?
Cette restitution s'opère par une merveilleuse correspondance entre les deux règnes
organiques, la respiration des plantes ren-
dant à l'atmosphère l'oxygène que lui enlève la respiration des animaux, et c'est ce
que le langage ordinaire exprime en disant
que les plantes purifient l'Air. Dans les
champs, l'Air doit être plus sain que dans
les cités, parce que les plantes y prédominent. Toutefois le vent ne permet pas que
l'atmosphère rurale et l'atmosphère urbaine
restent isolées, et, par lui, l'atmosphère de
nos forêts vient corriger sans cesse l'atmosphère de nos villes. Nous avons dit que l'Air
abandonne aisément son oxygène. Ajoutons

que c'est une condition bien nécessaire pour
que nous puissions respirer sans effort durant le sommeil; car, respirer, c'est décomposer l'Air pour lui soustraire l'oxygène,
qui doit artérialiser notre sang.

Dans les fonctions chimiques de l'Air,
l'oxygène est, sans aucun doute, le principe
prépondérant; mais l'azote a sa part dans
un certain nombre de réactions chimiques,
et notamment dans les phénomènes de la
végétation, bien que son office principal
consiste à délayer, pour ainsi dire, l'oxygène
de l'Air, afin d'en modérer l'action qui serait, sans lui, beaucoup trop vive.

L'Air contient environ six à sept dix
millièmes de vapeur d'eau, et c'est une des
plus notables merveilles de la nature que le
rôle immense de cette petite proportion de
vapeur qui doit alimenter tous les fleuves.
Voyez aussi comme tout est admirablement

pondéré, pour que l'Air ne soit ni trop humide ni trop sec : trop sec, il surexciterait la transpiration pulmonaire et cutanée; trop humide, il ferait obstacle à cette indispensable fonction.

La même merveille se répète à propos de l'acide carbonique, gaz qui est impropre à la respiration, mais qui doit cependant fournir à la plante le carbone nécessaire à son développement. Pour tout concilier, la proportion de ce gaz est restreinte à cinq dix millièmes environ, afin que l'Air soit respirable, mais cette petite proportion se renouvelle sans cesse pour répondre aux exigences continuelles de la plante. Ajoutons ce fait chimique bien étonnant, c'est que la plante décompose sans effort cet acide carbonique que l'homme ne peut décomposer qu'avec une peine extrême et par des moyens compliqués.

L'Air contient encore quelques traces d'ammoniaque, gaz suffocant sans doute, mais cédant à la plante l'azote qui doit la rendre plus complètement alimentaire. La proportion de ce gaz est tellement minime que l'analyse la plus savante ne peut la préciser; et toutefois elle suffit au rôle important que l'ammoniaque remplit dans les phénomènes physiologiques.

Enfin, et c'est ici un des faits les plus considérables et les plus obscurs de la science, l'Air transporte une incroyable quantité de corpuscules, qui sont invisibles pour ne pas troubler la transparence de l'atmosphère et qui, se développant parfois d'une manière inattendue, peuvent avoir l'apparence de créations spontanées.

Ces corpuscules jouent dans la nature un rôle considérable et le microscope nous dévoile, en effet, leur intervention dans une

foule de phénomènes où leur existence même
n'était pas soupçonnée.

Quand un rayon solaire pénètre dans un
appartement obscur, ces poussières vivantes, entremêlées de mille débris inorgani-
ques, deviennent visibles, par voie de réflexion, sur tout le trajet du rayon lumineux. On les aperçoit qui flottent dans un
mouvement continuel, et ce mouvement
nous traduit celui de l'air lui-même, qui
contrebalance ainsi leur poids. Elles se déposent lentement, si l'air est tranquille, et la
moindre agitation les soulève de nouveau.
Le balayage les déplace, mais ne les détruit
pas. Ces poussières vivantes sont composées
de protophytes, qui appartiennent au règne
végétal et de protozoaires, qui appartiennent
au règne animal. Leur puissance de germination ou de vitalité est merveilleuse, si bien
que, dans la nature, l'intelligence se trouve

plus étonnée peut-être de l'infiniment petit
que de l'infiniment grand. Voyez seulement,
sous le microscope, ce rotifère si fréquent,
après la pluie, dans la mousse de nos toits.
Ce petit être, dont l'existence ne comporte
que quelques heures, peut cependant les
disséminer sur une assez longue période de
temps. Surpris par la sécheresse, il peut
avoir la vie complètement suspendue durant
deux ou trois ans, et la récupérer dans toute
sa plénitude au simple contact de l'eau, et
alors, comme s'il voulait compenser par le
mouvement le peu de place qu'il occupe
dans l'espace, il tourne avec une incroyable
vitesse les deux cercles de cils vibratiles qui
fonctionnent comme les roues à rames d'une
machine.

Et ce rotifère, presque imperceptible, est
pourtant un colosse par rapport à ces milliers d'animalcules aériens dont le nombre

s'accroît pour nous chaque jour, à mesure
que se perfectionne le microscope ! mais
revenons à notre sujet.

L'Air, étant invisible, ne peut guère participer à l'ornementation de la terre ! Cependant il devient décoratif, en contribuant
à former cette voûte diaphane et bleue qui
surmonte et pare l'horizon. Mais, s'il se dérobe aux sens du toucher, du goût, de
l'odorat et de la vue, l'Air est, au contraire,
dans un rapport intime avec le sens de
l'ouïe ; et c'est ainsi qu'il se relève jusqu'à la hauteur d'une fonction sociale, car
il est le messager de la parole, c'est-à-dire
de la pensée humaine dans son expression
la plus variée, la plus émouvante et la plus
précise. Et, pour favoriser une si noble
fonction, voyez comme la condition d'a-
coustique se trouve satisfaite par une propriété de l'Air, qui semble n'avoir avec elle

aucun rapport. L'Air est très-compressible ;
il en résulte que les couches inférieures
ont une densité correspondante à la pression qu'elles supportent. Or, la pression est
ici calculée de telle sorte que la densité de
l'Air ambiant est parfaitement assortie à
nos organes, permettant à la voix de prendre sans peine une intensité suffisante, et
puis de se transmettre à une distance convenable et avec une vitesse mesurée. Si
l'air était moins dense, il faudrait un certain effort guttural pour se faire entendre ;
si l'air était plus dense, le moindre bruit
serait assourdissant.

L'Air est aussi le messager du chant,
c'est-à-dire de cette voix du cœur qu'on
pourrait appeler la poésie du son. Mais il a
lui-même une voix, dont il varie singulièrement le volume et l'accord. Tantôt il mêle
ses clameurs aux clameurs du tonnerre, ou

bien il mêle son murmure au murmure du
ruisseau; tantôt, avec les vagues furieuses
de la mer, il se brise sur le roc et se plaint;
ou bien, accompagnant de son mieux les
artistes ailés du bocage, on dirait qu'il voca-
lise aux feuilles minces du sapin.

Un mot encore, sur un point trop ignoré
du vulgaire.

La nature est un livre de haut enseignement; livre sublime qui, sous le charme à
la fois du grand, de l'utile et du beau,
symbolise à chaque page un attribut du
Créateur. Ainsi les splendeurs de la terre
nous disent sa munificence, l'alternative
du jour et de la nuit nous dit sa sagesse,
le retour continuel des saisons nous dit son
éternité, comme la foudre nous dit sa jus-
tice ; l'océan, sa majesté; le firmament, sa
puissance; l'espace, son immensité. Enfin
cette atmosphère qui, impalpable, invisi-

ble, nous enveloppe, nous protége et nous
vivifie, n'est-elle pas l'image de sa providence, qui nous entoure de ses soins, nous
anime de ses dons et, cachant toujours la
main qui protége, ne laisse voir que le
bienfait ! et, pour porter le rapport à son
terme le plus élevé, est-ce que dans nos douleurs les plus extrèmes, alors que la résigna-
tion elle-même ne regarde le ciel qu'à travers ses larmes, est-ce que la prière n'est
pas comme la respiration de l'àme, puisant
au sein de Dieu le courage, la force, la
paix que Dieu seul, en effet, peut donner !

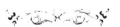

HARMONIES DE L'HIVER.

Chaque saison porte nettement distinct le caractère qui lui est propre. L'Hiver est austère, économe, réparateur. Se réservant de tout compenser par l'importance même de son mandat, il laisse volontiers aux autres saisons leurs avantages respectifs : au Printemps, sa parure; à l'Été, sa splendeur; à l'Automne, ses richesses. Bien plus, ne faisant pour lui-même aucun frais, il thésaurise avec patience, afin que, merveilleuse trésorière des plantes, des animaux et de l'homme, la Terre puisse suffire aux dépenses du nouvel an.

L'Hiver a, pour agents plus ou moins spéciaux, le froid, la pluie et le vent. Ces

trois fonctionnaires, pour concourir au
même but, entremêlent leur action; mais
cependant, par périodes choisies, chacun
d'eux prédomine tour-à-tour.

Le froid est l'agent principal de cette saison. Voyez aussi comme il en réalise successivement le triple caractère. L'Hiver doit
être austère, ne fût-ce que pour donner,
par voie de contraste, beaucoup plus de
charme au Printemps. Aussi, remarquez
comme le froid procède à cet effet : il supprime tous les décors, défait toutes les formes, efface toutes les couleurs, fait taire
tous les chants; il arrête, ou du moins ralentit le mouvement organique, il restreint
l'évaporation, engourdit les fleuves, solidifie
les lacs, et même, aux deux pôles, l'Océan.
Et puis, l'Hiver devant être économe pour
devenir réparateur, voyez comme le froid
agit à cette fin : il accumule au sommet des

montagnes les glaces qui doivent alimenter
les rivières de l'Été, il enchaîne les forces
végétatives, il durcit et ferme le sol pour
soustraire à l'influence du soleil la graine
qui vient d'être semée. En même temps, il
congédie tous les consommateurs nomades
et surtout cette foule d'oiseaux maraudeurs
qui ne seraient plus, désormais, que des parasites sans utilité. Si quelques-uns peuvent
persister, parce qu'ils sont indigènes, il les
force du moins à se rabattre sur les larves,
et, par cette harmonie compensatrice, à nous
restituer avec profit la dîme qu'ils ont pré-
levée sur nos vergers, sur nos moissons. Ce
n'est pas tout : le froid suspend la vie dans
les animaux inférieurs, il frappe de léthargie
les reptiles et même plusieurs mammifères,
il détruit des myriades de mulots, d'insectes et de lombrics; et, de toutes les dépouil-
les, de tous les débris, il forme cette terre

éminemment végétale qu'on appelle *humus*.

En même temps, voyez comme peu à peu la perspective se modifie et comme tout s'harmonise par degrés; car, à mesure que le ciel s'assombrit et que les feuilles tombent, les convives que les derniers jours de l'Automne avaient retenus deviennent plus rares et se retirent successivement. Déjà l'hirondelle avait donné aux oiseaux voyageurs le signal du départ, et la marmotte avait annoncé aux animaux hibernants l'heure de la retraite. Le loir rentre dans son trou, l'ours dans sa tanière, la taupe dans son terrier. Or, notez bien toutes ces concordances : le loir va trouver au cœur de l'arbre un calorifère naturel que l'ours, plus heureux, porte dans son épaisse fourrure, et que la taupe industrieuse se ménage dans la couche de foin qui lui sert d'édredon. Et n'essayons pas de spécifier ici tous les artifices de l'instinct, car l'imagination n'y pourrait suffire. Tandis que, pour s'abriter mutuellement contre le froid, les chauves-souris se suspendent en grappe aux voûtes des cavernes, les serpents, sous la pierre, s'enlacent en nombreux replis; tandis que le poisson cherche un refuge au fond de son lac et que la grenouille s'enfonce dans la vase de son marais, la chenille, momie lustrée, se cache sous le chaume, et l'araignée, artiste habile, se fabrique un fourreau de ouate soyeuse.

Arrêtons-nous un moment sur l'hibernation, pour bien saisir le caractère harmonique de ce phénomène, si mystérieux dans sa cause, dans sa durée, dans ses effets.

Pour que la vie se maintienne dans l'animal, il faut que l'organisme, par une alimentation convenable, puisse compenser les déperditions continuelles qu'il éprouve. Les dépenses étant toujours proportionnelles à l'activité vitale, il est évident que cette activité physiologique doit être plus ou moins atténuée, si l'animal, par une circonstance quelconque, doit être plus ou moins longtemps privé de tout aliment. Or le sommeil hibernal est un modérateur naturel qui concilie toutes les conditions : il s'effectue, comme le sommeil ordinaire, sans souffrance et sans effort; de plus, par lui, la nutrition et la dénutrition sont restreintes ou suspendues en égale mesure et en même temps.

Mais avant d'analyser les détails, notons d'abord que le phénomène ne se produit pas dans un groupe particulier de la série zoologique, car les animaux hibernants sont disséminés en divers points de cette série. Notez encore qu'il correspond toujours à la période annuelle de disette qu'impose à ces animaux la spécialité de leur demeure ou de leur régime alimentaire. Notez enfin qu'il se manifeste à des degrés bien différents, depuis l'état d'inaction partielle jusqu'à l'état de complète immobilité.

Une harmonie dominante, qu'il est facile de prévoir, c'est que l'hibernation doit affecter surtout les animaux inférieurs, puisque, d'une part, leur faible caloricité les subordonne davantage à l'action du froid et que, d'autre part, ils peuvent mieux supporter ce point d'arrêt des fonctions organiques, la vie étant, chez eux, plus tenace qu'active. Au contraire, on ne peut guère s'attendre à rencontrer des oiseaux hibernants, parce que l'oiseau résiste mieux au froid par sa puissance calorifique et que la diète, pour lui, serait mortelle, à cause de son excessive vitalité.

Mais que d'harmonies secondaires l'hiber-

nation présente dans ses différents degrés
d'intensité! Elle commence à se montrer
dans l'ours, qui s'y trouve, en effet, préparé
par deux particularités biologiques : sa demeure et son régime alimentaire. L'ours est
un animal de montagne et, sur les cimes
élevées, le froid est toujours plus intense ;
puis, comme l'exprime son système dentaire,
ses préférences inclinent vers le règne végétal. Or la neige qui couvre les montagnes
lui dérobe l'accès des plantes, et les proies
sur lesquelles il pourrait se rabattre, au besoin, ont elles-mêmes disparu. Toutefois
l'engourdissement hibernal étant un caractère manifeste de dégradation, l'ours n'en
est atteint que partiellement, c'est-à-dire
dans les pattes postérieures. L'hibernation
ne paralyse donc en lui que la locomotion
générale, qui redevient libre aux premiers
jours du Printemps. La torpeur hibernale

est, dans le hérisson, plus profonde et plus
prolongée. Le hérisson est insectivore et terrier. Comme insectivore, il subit une sup-
pression complète de nourriture et ne peut
y suppléer par la migration, parce que la
brièveté de ses pattes lui refuse la vitesse,
et sa vestiture épineuse, l'agilité. Et puis la
nécessité de se creuser un gîte à chaque
station lui rendrait bien difficile un voyage
lointain. Sa léthargie ne va pas cependant
jusqu'à suspendre la circulation, qui se traduit même au dehors, quoique singulièrement ralentie. Mais, dans la marmotte, par
exemple, l'hibernation prend un caractère
plus intense. Déjà, dès les premiers froids,
l'animal n'a plus que sept à huit inspirations
par minute, et produit, par conséquent, peu
de chaleur. Puis, à mesure que son engourdissement devient plus général, plus profond,
sa température baisse de plus en plus ; en-

fin, quand tout l'oxygène ambiant est con-
sommé, la respiration cesse ou du moins
ne se traduit par aucun mouvement du tho-
rax, par aucune modification chimique de
l'air. On peut même tenir impunément la
marmotte dans un milieu délétère. Recueillie
dans le fond de sa demeure souterraine, elle
en mure l'entrée, afin de se soustraire à tous
les excitants du dehors, à la lumière même
ainsi qu'au bruit. Pour se protéger contre
un froid extrême, elle s'enveloppe de mousse
et de foin que, par instinct de prévoyance,
elle a fait sécher aux rayons du soleil. De
telle sorte que la température du terrier ne
tombe jamais jusqu'à 0°. Toutefois, l'immobilité de l'animal est complète comme son
insensibilité. Cet état presque intermédiaire
entre la vie et la mort est donc bien mystérieux. Et plus mystérieux encore est l'état de
congélation qui, parmi les vertébrés, frappe

notamment les reptiles et les batraciens, car ici la raideur est cadavérique, et pourtant il n'y a point asphyxie. Les tissus, dans la marmotte, avaient conservé leur souplesse ; tandis que, dans le serpent, dans la grenouille, où donc le principe vital s'est-il réfugié ? Mais ne restons pas dans un silence stérile, et sachons reconnaître que la puissance divine dépasse infiniment toutes nos conceptions.

Et maintenant, remarquons les trois circonstances harmoniques qui favorisent, en hiver, l'intensité du froid : l'atmosphère, par les brumes ou les nuages dont elle est chargée, atténue les rayons solaires; la Terre, par l'inclinaison de son axe, les affaiblit encore en ne les recevant que sous une notable obliquité, et, dans son mouvement diurne, elle abrége aussi leur action. Les ténèbres, en effet, descendent

vite sur l'horizon, et, avec elles, la tristesse, qui s'étend par degrés et gagne
jusqu'à nous. Alors, nos impressions, ainsi
que nos pensées, prennent un caractère plus
ou moins lugubre. Les peupliers qui bor-
dent le chemin semblent aligner leurs sil-
houettes comme autant de fantômes sinistres, immobiles, indéfinis. Le hibou ne semble jeter de loin en loin sa note plaintive que
pour prêter sa voix à la mélancolie muette
du paysage, et les flocons de neige que la
bise fait tomber du squelette des arbres, paraissent se projeter sur la noire tenture de
la nuit, comme les larmes d'argent sur nos
draps mortuaires.

Que d'enseignements déjà dans ces quelques emblèmes! Mais, avant tout, ne devons-
nous pas constater deux harmonies secondaires dans cette couche de neige qui couvre
la surface du sol? D'une part, c'est un vê-

tement qui protége le semis contre la gelée;
d'autre part, c'est un réflecteur qui diminue
sensiblement l'obscurité des nuits, parais-
sant bien moins recevoir la lumière que la
rayonner lui - même vers les ténèbres de
l'espace.

Cependant, voici qu'à leur tour d'autres
phénomènes doivent s'accomplir : il faut
que cette neige épaisse et dure se liquéfie
pour remplir un autre office. Or, quand on
songe que, pour fondre une goutte d'eau,
79° de chaleur sont nécessaires, on se demande comment donc pourra s'opérer le
dégel. Certes, ce serait un problème inaccessible au génie de l'homme, qui ne pourrait même pas dire tout ce qu'il lui faudrait,
pour le résoudre, d'appareils, de combustible et de temps. Et pourtant l'habitude de
voir le phénomène s'accomplir vite et sans
effort, ne nous laisse pas admirer à quel

agent imperceptible cette tâche est confiée.
C'est un simple courant d'air, doucement
venu du tropique, qui de sa tiède haleine
touche la neige et la fond : ou plutôt, la divise en deux parties ; l'une, qui s'élève gazeuse pour détendre l'atmosphère ; l'autre,
qui descend liquide dans le sol pour y dissoudre les corps désorganisés par le froid.
Et cet agent fonctionne avec une telle déli-
catesse que l'atmosphère semble partout au
repos, et qu'on ne voit émues ni la feuille
épanouie de l'ellébore, ni la fleur naissante
du noisetier. Puis, quand la surface du sol
est ainsi mise à nu, la vapeur d'eau suspendue comme en réserve dans l'air, se refroidit, se condense et retombe : c'est la pluie.

Or, à quelle autre époque pourrait-elle
arriver plus à propos ? Sans doute la pluie
intervient aux différentes périodes de l'année, et, selon les circonstances, elle y apaise

l'atmosphère, la rafraîchit ou l'épure. Mais,
en ce moment, elle nous intéresse surtout
par la propriété nutritive qu'elle vient d'ac-
quérir; car, en se liquéfiant, elle a dissous
les principes gazeux qui s'étaient, comme
elle, dégagés de l'horizon. Ces principes seraient inutiles dans l'air et même nuisibles,
tandis que, ramenés dans le sol que la fonte
des neiges a rendu spongieux, ils s'ajoutent
encore aux provisions alimentaires accumulées par le froid. Cette restitution que l'air
fait à la terre de l'eau qu'elle a perdue par
l'évaporation, est soumise à une loi d'équilibre doublement harmonique : c'est que la
quantité de pluie que l'atmosphère nous
renvoie tous les ans est à peu près la même,
et l'Hiver n'en fournit guère que sa part
comme l'Été. Seulement, dans une heure
d'orage, juillet précipite plus d'eau que fé-
vrier dans tout un jour. Il importe effecti-

vement qu'en Été la pluie tombe avec abondance, mais ne dure point : tandis qu'en
Hiver la pluie doit être débitée peu à peu,
mais avec une certaine continuité. On sait
en effet que, s'il est des terrains où l'eau
pénètre aisément, il en est d'autres aussi où
elle ne peut s'insinuer qu'avec peine. L'in-
sistance de la pluie lui permettra donc d'im-
biber profondément tout le sol, et puis chaque terrain se mettra de lui-même dans les
conditions d'humidité qui lui sont propres;
car, par une admirable réciprocité, dès que
le soleil agit, l'eau est facilement abandon-
née par les couches qui sont très-perméa-
bles, tandis qu'elle est longtemps retenue
par celles qui l'ont admise lentement.

Or, voyez les nombreuses concordances
qui justifient la persévérance de la pluie
dans cette saison. D'abord, c'est la période
la plus propice pour la plante, car la graine,

recueillie sous le sol, demande alors que s'active autour d'elle l'emménagement des sucs qui doivent bientôt la nourrir. C'est aussi le temps le plus convenable pour les animaux, puisque la plupart d'entr'eux, ou n'existent encore qu'en germe ou sont plus ou moins engourdis; et les autres, n'ayant pas encore leurs inquiétudes de famille, peuvent rester plus sédentaires. C'est enfin le moment le plus favorable pour l'homme lui-même, car l'agriculteur est alors préoccupé de soins intérieurs, de travaux domestiques, et, par conséquent, abrités. Quant au citadin, rien ne l'invite encore à porter dans les champs ses heures de loisir.

Quoi qu'il en soit, après que le froid et la pluie ont successivement terminé leur principal office, il importe que le vent désormais accomplisse le sien. Il s'agit d'éva-

porer l'humidité surabondante du sol, d'en-
lever tout ce qui a péri par le froid et n'a
pas été dissous par la pluie; il s'agit de
transporter à grande distance, et même
d'une île à l'autre, le pollen des fleurs dioï-
ques, de balayer tout l'horizon, de chasser
les nuages qui encombrent l'atmosphère.
Et que faut-il pour faire naître cet invisible
agent, dont on ne peut pas plus prévoir la
venue que la durée, pas plus la vitesse que
la direction? il ne faut, nous le savons,
qu'une simple différence de densité, c'est-à-
dire de température entre deux points atmosphériques juxtaposés. Nous savons aussi
que plus est grande cette différence, plus
intense est à son tour la force du vent. Nous
savons enfin que, zéphyr ou aquilon, l'air
diversifie son allure pour l'assortir à la diversité de ses fonctions. Celle que le vent
doit remplir en ce moment consiste surtout

à nettoyer la surface de la terre; et chacun de ces débris, qu'il semble disperser au hasard, a sa destination, sa place, son emploi. Ainsi, les brins de paille que l'air abandonne sur le chemin serviront un jour de supports aux galeries sableuses de la fourmi; les filaments de mousse que le buisson arrête au passage formeront la couchette légère du pinson; avec les lanières d'écorce que le vent jette sur le sol, la fauvette tressera bientôt le tissu délicat de son nid; les fragments d'élytre tombés à la surface du lac vont être des nacelles toutes prêtes pour de nombreuses larves qui, nées dans l'eau, doivent la quitter pour devenir insectes aériens; enfin, le plus petit fétu que le tourbillon soulève jusqu'au sommet des arbres est lui-même un véhicule qui porte, agglomérés, des œufs microscopiques; et ces germes nomades atteignent ainsi les plus hautes branches pour y

attendre, avant d'éclore, l'épanouissement
des feuilles qui doivent leur servir de nourriture et d'abri.

Mais, quelque intéressants que soient réel-
lement tous ces détails, il importe surtout
de remarquer les grands changements qui
s'opèrent par degrés. Voyez : peu à peu le
jour reprend à la nuit les heures qu'il lui
avait cédées, la Terre se présente moins oblique aux rayons solaires, et la germination
commence à poindre de toutes parts. Tout
annonce l'avènement d'une saison nouvelle,
saison favorisée, car les provisions abon-
dent dans le sol, l'horizon est net, l'atmosphère pure et le soleil vivifiant.

Hâtons-nous de dire encore un mot de
l'Hiver, sous le rapport ornemental. L'Hiver
ne s'adresse pas au regard, qui veut être
flatté, mais à la pensée, qui calcule et qui
juge. Et pourtant il n'est dépourvu ni de

toute parure, ni de tout mouvement. Ainsi,
dans la forêt, le chêne, le sapin, le hêtre, le
mélèze ont conservé leur complète chevelure ; le lierre, qui tapisse le tronc du vieux
orme, y maintient vertes toutes ses feuilles ;
ainsi que le buis, qui s'implante aux fissures
du rocher ; ainsi que l'if, qui dresse dans
les parcs sa verdoyante pyramide. Il est vrai
que la nature recueille ses forces pour les
mieux développer en temps opportun, mais
sa vitalité toutefois n'est pas si latente qu'elle
ne se laisse entrevoir suffisamment. Ainsi la
nivéole s'épanouit aux points les plus sauvages, et la violette s'élève du sein des neiges,
comme l'espérance toujours du fond de nos
douleurs.

L'horizon non plus n'est pas inanimé.
Voyez les actives recherches du merle et du
moineau, adroits échenilleurs, détruisant à
l'envi d'innombrables insectes qui dévore-

raient plus tard tous nos fruits. Vous faut-il
une scène plus enjouée? Voici qu'une que-
relle s'engage entre la mésange, assez taquine, et le roitelet, peu endurant. L'objet
en litige est si menu qu'il échappe à votre
vue peut-être; c'est un corpuscule oublié
par le vent. Et cependant la lutte est longue
et vive, car les temps sont difficiles, les vivres sont rares, et, de plus, les amours-pro-
pres sont compromis. Aussi entendez-vous
ces petits cris aigus et brefs; voyez-vous
comme ces petits becs s'aiguisent et se croi-
sent, comme ces petites ailes crépitent et se
choquent, comme tour-à-tour chacun de ces
athlètes exigus attaque, s'esquive ou se dé-
fend, jusqu'à ce qu'enfin le combat cesse
d'ordinaire par une fuite réciproque, après
un partage plus ou moins inégal. Cette scène
charmante passerait inaperçue parmi les
épisodes nombreux qui animent le Prin-

temps, l'Été et l'Automne; mais ici le petit
drame nous amuse et nous plait, parce que,
réduite à ces petites proportions, la colère
elle-même devient comique, et le parait
d'autant plus qu'elle fait contraste avec l'at-
titude inerte et morne de la nature. Et puis,
enfin, est-il bien vrai que l'Hiver n'ait pas
son ornement, ainsi que les autres saisons?
Mais essayez donc de compter les diamants
à mille facettes et à mille couleurs, que le
givre suspend au toit de la chaumière
comme à la flèche du château. Ne dirait-on
pas que le merveilleux lapidaire veut rache-
ter par l'élégance et la variété de ses gemmes leur frêle consistance et leur courte
durée? Et si cet écrin, détruit si vite au
rayon même qui le fait scintiller, n'excite
peut-être qu'une vulgaire curiosité, placez-
vous à un autre point de vue et dites si,
pour l'âme méditative, il est rien de plus

imposant, rien de plus solennel que l'aspect
de l'horizon, lorsque, dans le calme mystérieux de la nuit, la lune, devenue souveraine du firmament, laisse tomber sa lumière douce et pure sur la blanche tunique
de la terre endormie !

Un esprit frivole s'imagine peut-être que
la Terre serait pour l'homme un séjour délicieux, si partout y régnait un éternel printemps ; mais la moindre réflexion vient nous
dire que les magnificences de l'année seraient impossibles sans les réserves abon-
dantes de l'Hiver. Et puis des familles entières d'animaux et de plantes nous man-
queraient aux divers points de la série organique. Nous aurions des fleurs, sans doute,
mais nous serions privés de fruits ; et les
fleurs elles-mêmes, non-seulement seraient
moins nombreuses, mais encore elles nous
paraîtraient moins belles par leur continuelle

et monotone uniformité. Malheureusement
on ne sait pas toujours réfléchir, et trop souvent l'ignorance diminue pour nous l'importance des choses. C'est à peine, par exemple, si nous considérons sérieusement ces
décorations singulières que la gelée dessine
sur nos vitres. Chacun sait que, refroidie à
sa surface extérieure par le contact de l'atmosphère, la vitre à son tour refroidit l'air
chaud de nos appartements et l'oblige ainsi
à déposer à sa surface intérieure, sous forme
cristalline, la vapeur d'eau dont il est sa-
turé. C'est bien. Mais quelle est la loi qui
préside à cette cristallisation si merveilleu-
sement géométrique ? nous ne le savons
point. Sachons y trouver du moins un enseignement : ces apparences florales si gracieuses et qui s'effacent au premier regard
du soleil, ne sont-elles pas l'image de ces
erreurs séduisantes que dissipe, en se mon-
trant, la vérité !

Mais plaçons-nous un peu plus haut; car
il est une harmonie morale de l'Hiver qu'il
importe surtout de signaler. En effet, cette
saison qui nous rend plus intérieurs et nous
dispose le mieux à réfléchir, s'offre elle-
même à nos méditations comme emblème
de la triste et froide vieillesse, pour nous
donner une grande et consolante leçon. Oui,
l'Hiver fait autour de nous le silence, comme
la vieillesse l'isolement: l'Hiver anéantit peu
à peu tous les charmes de l'année, comme
la vieillesse toutes les illusions de la vie;
mais, en préparant sous une apparente destruction, la renaissance continuelle de la
nature, l'Hiver nous enseigne que, si la
vieillesse mène à la tombe, la tombe n'est,
en réalité, que le vestibule d'un monde qui
ne doit plus finir.

HARMONIES DU PRINTEMPS.

Qu'il est gracieux le sourire de la Terre,
qui doucement s'éveille aux premiers rayons
du Printemps! Comme elle semble ainsi
répondre au regard caressant de l'astre du
jour et compléter, par cette charmante harmonie, le tableau ravissant de l'horizon!
Mais, aussi, quel magique décorateur, quel
merveilleux coloriste que le Soleil! avec quel
art il modère et sa lumière et sa chaleur,
pour ménager les teintes les plus délicates et
graduer, en même temps, l'évolution de
chaque fleur! Et ces fleurs à leur tour, si
diverses de volume, de forme, de couleur,
semblent ne s'orner elles-mêmes que pour
mieux concourir à la parure de la Terre. Et,

7

tandis que le zéphir, invisible agent, les balance comme des encensoirs, le ruisseau,
réflecteur mobile, multiplie leur image, et le
papillon, symbole ailé du caprice, voltige de
l'une à l'autre, pour animer la mise en scène.
Enfin, comme si la renaissance annuelle de
la nature devait satisfaire à la fois tous les
sens, les trois règnes nous offrent réunis :
l'atmosphère avec son dôme azuré, la montagne avec sa robe déjà verte et son auréole
encore blanche, la rose avec son parfum, le
rossignol avec sa mélodie.

L'imagination voudrait peut-être s'égarer
à suivre un à un tous ces détails ; plus sage,
notre analyse doit s'arrêter aux phénomènes
principaux.

Le Printemps est essentiellement rénova
teur et décoratif. Or, pour lui donner ce double caractère, voyons surtout comment le
Soleil, l'Eau et l'Air harmonisent leur action.

Et d'abord, le rayon solaire doit remplir simultanément deux conditions qui semblent s'exclure. D'une part, une certaine intensité lui est nécessaire pour vaincre le peu de conductibilité du sol, puisqu'il a pour office de faire germer tous les semis, et de faire éclore les œufs innombrables que le reptile, le poisson, l'insecte lui confient, mais qu'ils cachent dans la vase ou dans le sol pour les soustraire au danger. D'autre part, il faut que son intensité soit suffisamment restreinte, afin de ne pas précipiter les fonctions phytologiques et de respecter aussi le vert naissant de la feuille et la teinte fugace du lilas. Pour tout concilier, le Soleil ne devient plus efficace que peu à peu, mais il reste plus longtemps sur l'horizon, compensant ainsi, par la durée de son action, ce qui manquerait peut-être à son intensité. Or, remarquez bien cette autre harmonie;

c'est que, prolongeant de plus en plus le jour à mesure que la Terre s'embellit davantage, le Soleil tient plus longtemps sous le regard de l'homme tout le charme de la perspective. Mais on se demande sans doute comment le sol, malgré son rayonnement nocturne, pourra conserver jusqu'au retour de la chaleur une température convenable. Eh bien, c'est à cette condition essentielle que satisfait la propriété négative que nous avons signalée : le sol, avons-nous dit, transmet difficilement le calorique, il ne doit donc céder que lentement la chaleur qu'ont acquise, durant le jour, ses couches intérieures, et c'est ainsi que nous trouvons encore une harmonie réelle où nous avions supposé, peut-être, un inconvénient.

Comment l'Eau répond-elle maintenant, pour sa part, à la double condition de l'utile et du beau! Voyez, la neige qui couronne la

montagne en descend peu à peu, liquéfiée
par le Soleil. Elle vient alimenter le fleuve
qui, remis lui-même en pleine liberté, traverse majestueusement la plaine, dont il est
non-seulement un des agents les plus nécessaires, mais encore un des principaux
ornements. La prairie, par les ruisseaux qui
la sillonnent, semble niellée de filets res-
plendissants, et le lac, redevenu libre et
limpide, laisse voir les reflets irisés de sa
frétillante population. En même temps, l'évaporation, toujours proportionnelle à la température, fait monter dans l'air une certaine
quantité de vapeur, qui devient tour-à-tour
bienfaisante et décorative. Car tantôt, sous
le rapport ornemental et par voie de réfraction, elle transforme l'atmosphère en tenture azurée, sans en troubler la transparence; tantôt, sous le rapport utilitaire et
par voie de condensation, elle y constitue

de légers nuages destinés à se résoudre en
pluie. Or, cette pluie, qui tamise l'air et le
purifie, est d'autant plus divisée, d'autant
plus ténue qu'elle tombe d'une certaine hauteur, condition essentielle pour qu'elle arrose
les fleurs sans les endommager.

Au Printemps, toutefois, l'arrosement naturel s'effectue d'une façon plus régulière et
surtout plus délicate par le phénomène nocturne, qu'on appelle la rosée. Ce n'est plus
ici de la pluie venue des couches élevées de
l'atmosphère; ce sont des gouttelettes microscopiques que la couche la plus inférieure
dépose doucement au contact du sol suffisamment refroidi. Mais, pour que ce phénomène puisse s'accomplir, il faut que l'air
soit tranquille et transparent, double circonstance que le Printemps réalise par la
modération normale de sa température.
Cette transparence de l'air, si nécessaire

pour la formation de la rosée, présente en
même temps d'autres avantages : elle étend
la limite de visibilité, rend la vision plus
nette et donne au paysage plus d'attrait.

Mais c'est surtout dans la période fonda-
mentale de la germination que l'Air et l'Eau
s'unissent et concourent sous l'action harmonique du Soleil. C'est l'époque, en effet,
où les forces végétatives, si longtemps en-
chaînées par l'hiver, ont repris leur élan.
Aussi voyez comme, des différentes familles végétales, s'élèvent de nombreuses fleurs
qui se succèdent si vite qu'elles ne laissent
pas le temps de les compter. Saluons, sans
doute, depuis la tulipe jusqu'à l'œillet, l'aristocratie de nos jardins, ces fleurs urbaines
que des fantaisies de culture cherchent à dé-
vier de leur type primitif. Mais arrêtons-nous
plutôt à cette multitude de fleurs champê-
tres, qui, restées dans leur état normal, ont

ainsi conservé toutes leurs harmonies de volume, de forme et de couleur. Remarquez
d'abord que chacune d'elles a, pour ainsi
dire, son heure d'épanouissement : les unes
au matin, les autres vers le milieu du
jour et même vers le soir. Remarquez ensuite que la plupart ont aussi leur place
d'élection. Tandis que l'orchis, sur la colline, érige son épi purpurin, l'aubépine
borde d'un liséré blanc le contour de la vallée, la violette dissémine dans les bois sa
corolle améthyste; la marguerite constelle
la prairie de ces petits soleils à rayons argentés, l'épine-vinette suspend à la lisière
du bocage sa grappe jaune, près de la fleur
violacée du polygale; l'ancolie, pose au buisson sa fleur bleue; le bec-de-lièvre, sur les
toits, sa fleur rouge; l'éclaire, sur les dé-
combres, sa fleur jaune; la giroflée, sur les
murs, son calice orangé. Tandis que le lych-

nis festonne d'étolles blanches les sentiers,
le mourron distribue dans les champs sa
petite fleur rouge; le fraisier, dans les bois,
sa petite fleur blanche; le bluet, dans les
prés, sa fleur tricolore; la campanule, sur
la haie, sa blanche clochette; le nénuphar,
à la surface des eaux, sa blanche corolle.
Pas un point n'est oublié. La forêt couvre la
montagne de sa verte chevelure, la mousse
étend sur le granit son velours verdoyant et,
des fissures de la roche, le buis fait jaillir
son feuillage lustré. Enfin, s'accommodant
de tous les sites, s'épanouissent entremêlées
toutes ces fleurs plus ou moins agrestes qui,
depuis la paquerette jusqu'au géranium, se
pressent à l'envi pour achever la toilette
printanière de la Terre. Vous voyez, en
effet, que rien n'y manque; car l'amaryllis
a mis son blanc panache; le dahlia, sa splendide cocarde; et le souci, sa toque d'or.

Que d'harmonies ensuite dans mille détails! Ainsi le cèdre du Liban, pour offrir au vent moins de prise, étale horizontalement ses branches, et le peuplier du chemin, pour mieux se mettre en ligne, dresse verticalement ses rameaux, tandis que le marronnier de nos parcs incline ses feuilles digitées pour mieux laisser voir sa belle inflorescence. Voyez, encore, comme tout est calculé pour que rien ne puisse en quelque point gâter la perspective. Ici, c'est le lierre qui, de ses spires rajeunies, cache les infirmités du vieux orme; là, c'est la vigne qui, de ses larges feuilles et de ses pampres naissants, habille le mur usé de la chaumière; plus loin, c'est la glycine, qui brode de sa grappe coquette les ruines du château.

Et ne dirait-on pas enfin que les insectes, de leur côté, connaissent les lois du contraste et des couleurs complémentaires? car

voyez la cétoine émeraude qui, pour mieux
relever l'éclat de ses élytres, se fixe sur la
rose, tandis que la coccinelle orangée se
pose sur la violette et le papillon bleu sur
le lis. Mais citons surtout comme doublement harmonique la grande prédominance
du blanc parmi les fleurs; car, d'une part,
ce sont les fleurs blanches qui comptent le
plus grand nombre de plantes odoriférès:
et, d'autre part, ce sont elles qui, diffusant
le mieux la lumière, produisent ainsi plus
de clarté sous les premiers rayons de l'aurore et sous les derniers du crépuscule, admirable particularité qui prolonge d'autant
la durée du jour.

Mais, à mesure que l'horizon s'enrichit,
se parfume et se pare, voyez aussi comme
il s'anime, se peuple et se diversifie. Dégagés de leur léthargie profonde, les animaux
hibernants reviennent à la vie, qui, surex-

citée surtout dans les animaux supérieurs,
se propage bientôt, dans toute la série zoologique, en des êtres nouveaux. Avec quelle
ardeur chaque animal prépare sa demeure,
son gîte ou son nid! Mais comment suivre
ici tous les artifices de l'instinct, depuis le
castor, qui, sans machine, établit sur le
fleuve une digue immuable, jusqu'à l'abeille,
qui, dans sa ruche, construit sans compas
des cases géométriques; depuis la rémiz,
petit oiseau qui pour tisser son nid n'a d'autre navette que son bec, jusqu'à l'épinoche,
petit poisson qui n'a que des nageoires pour
construire le sien; ou bien depuis la fourmi,
qui, sous le sol, cintre sans étai ses arcades
sableuses, jusqu'à l'argonaute qui, sans gou-
vernail, fait voguer sur la mer sa nacelle
nacrée! Et quelle est donc aussi la boussole
qui dirige ces légions d'oiseaux et ces ban-
des de poissons qui, soumis à des lois d'har-

monie, changent périodiquement de résidence? Chacune de ces deux classes trouve
un véhicule qui lui est approprié : l'une,
dans un courant atmosphérique ; l'autre,
dans un courant océanien. Et c'est le même
rayon solaire qui détermine à la fois et parallèlement ce double appel d'air et d'eau.

Plus près de nous, voyez que de scènes
diverses : l'écureuil grimpe et s'amuse aux
branches fleuries du noisetier; la jeune hirondelle, au seuil de son nid, attend, pour
s'élancer, que son aile soit venue; plus hardi,
le jeune moineau, sur les toits, exerce la
sienne à peine emplumée; la grenouille, au
marais, a repris sa souplesse; l'araignée, sur
le mur, a tendu sa toile insidieuse, et la
chrysalide sort de ses langes, belle de forme
et richement costumée. Comment décrire et
seulement désigner la diversité des formes et
des couleurs parmi cette foule innombrable

d'animaux qui tous ont revêtu leurs habits
de fête! Dès lors, vous seriez tenté de croire
peut-être que, dans le magnifique ensemble
qui flatte si bien la vue, il n'est rien qui
s'adresse au noble sens de l'ouïe. Mais, entendez-vous, dans la charmille, ces purs et
timides accents. C'est un chœur de fauvet-
tes, qui prend l'initiative d'un hymne au
Créateur. Ecoutez bien, car, voici qu'à ce
signal, des symphonies diverses se succèdent de proche en proche et gagnent tous
les points. Du haut de l'air, l'hirondelle répond, de sa voix fine, à la voix brève du
traquet; sur le buisson, le rouge-gorge associe ses vives roulades à celles de son
émule, le tarin; l'alouette, dans les guérets, domine, de son trille retentissant, les
notes langoureuses de la caille; sur la cime
des arbres, la colombe unit son roucoulement grave au triolet aigu du pinson; tandis

que, dans la forêt, le loriot redit de temps
en temps son gai refrain, et le merle, dans
le verger, sa joyeuse fanfare. Ecoutez encore
cet élégant soliste, rival de la fleur pour la
parure, rival du rossignol pour le chant :
c'est le chardonneret, prince de ces artistes
de passage, de ces virtuoses nomades qui
nous payent, de leur ramage, une heure
d'hospitalité. Et puis enfin, que votre oreille
soit attentive à des accords d'un ordre bien
différent sans doute, mais toutefois complémentaires; car la nature entière est un immense concert où chaque être a sa note, et
chaque règne, sa partie. Entendez, en effet,
et le feuillage qui gazouille sous les molles
caresses de la brise; et le galet qui résonne
sous les chocs isochrones de la cascade; et
la mer qui, de sa voix solennelle, accom-
pagne la voix bruyante du torrent; et
l'écho, qui se plaît à répéter au loin toutes
les symphonies.

Et que de merveilles encore sous un tout
autre point de vue ! Mais, à les citer seulement, quelle plume pourrait donc suffire !

Signalons du moins une de ces harmonies singulières qui relient l'animal à la
plante, l'insecte, par exemple, à la fleur.
Voyez cette aristoloche. Sa petite corolle,
un peu évasée au sommet, un peu renflée
à la base, présente, sur sa partie moyenne,
un rétrécissement garni de soies raides.
Remarquez bien que ces soies, dirigées de
dehors en dedans, se rencontrent à leur
pointe et s'entrecroisent tellement qu'elles
interdisent l'entrée au zéphir lui-même, si
souvent messager du pollen des fleurs. Or,
l'étamine étant plus courte que le pistil et
placée beaucoup plus bas, on se demande
comment sera donc transporté le pollen
qui doit déterminer le développement initial de l'embryon. Ne cherchez pas à devi-

ner la solution du problème; mais plutôt
regardez cette tipule, insecte friand qu'at-
tire le nectar secrété par la fleur. Suivez
bien tous les mouvements de ce diptère
exigu, car ce n'est pas sans peine qu'il s'in-
sinue jusqu'au fond de la fleur. Il y arrive
pourtant, parce que, se dirigeant dans le
même sens que les soies qui en obstruent
l'entrée, il les infléchit et les écarte peu à
peu. Mais, dès qu'elles lui ont livré passage, les soies, par leur propre élasticité,
se rejoignent vivement et s'entrecroisent de
nouveau. Or, quand la tipule, après avoir
savouré le nectar, essaie de sortir, elle rencontre les pointes des soies qui maintenant
réagissent d'autant plus que l'insecte fait
contre elles plus d'efforts. La tipule impa-
tientée s'irrite et se débat : la trépidation
rapide de ses ailes soulève à l'intérieur de
la corolle une petite tempête qui devient le

véhicule du pollen. Alors le germe de l'aristoloche commence à se développer, bientôt
la corolle se flétrit et tombe... le captif
est mis en liberté ; admirable réciprocité
de service, qui se résume en festin délicieux pour l'insecte, en évolution embryon-
naire pour la fleur.

Vous faut-il une scène plus dramatique ?
Observez bien cette fourmi qui parcourt
avec une ardeur inquiète les bords de cette
feuille de rosier. C'est une bergère sans
houlette, mais alerte et vigilante, qui garde
de nombreux troupeaux de vaches laitières
ou plutôt de pucerons. Ces insectes presque microscopiques ne peuvent être aper-
çus que de près et par groupe, parce que
leur parfaite transparence ne laisse voir que
la couleur même de la feuille qui leur sert
de pâturage. Chaque soir, ils sont ramenés à
l'étable et confiés aux fourmis vachères.

spécialement chargées de traire le liquide
sucré qu'ils produisent et qui doit être le
premier aliment et comme le lait des jeunes fourmis. Mais, en ce moment, notre
bergère est agitée... une crainte la domine. Et quel est donc le loup qui menace
les troupeaux ? Voyez, c'est une coccinelle,
charmant petit coléoptère qui, investi de la
tutelle des rosiers, est l'ennemi-né des pucerons. La fourmi, trop faible pour suffire
à la défense, s'empresse de descendre au
pied de l'arbuste où réside la fourmilière
et signale le danger. Des fourmis militantes
accourent aussitôt. Et remarquez leur habile manœuvre : elles s'accrochent deux à
deux à chacune des pattes de la coccinelle,
dont elles entravent ainsi le mouvement,
mais qui, avide du miel des pucerons, fait,
pour les atteindre, d'énergiques efforts. Pendant cette lutte singulière, la bergère

pousse bien vite les troupeaux vers le logis, et la coccinelle ne peut saisir que quelques pucerons retardataires ; mais elle a
chassé les parasites, et reste souveraine du
pâturage sauvegardé.

Ce drame vous intéresse sans doute ;
mais voici une araignée, acrobate incom-
parable, qui certainement va vous surprendre par ses évolutions. Cette bête est encore un de ces êtres que leur exiguité met
au seuil du monde microscopique. Regardez donc de fort près et regardez bien vite,
car elle opère presque soudainement. Le
dos tourné vers le sol, elle redresse verticalement sa filière, c'est-à-dire la partie
terminale de son abdomen et lance avec
vigueur un fluide visqueux qui, dans son
mouvement ascensionnel, s'étire en fil
d'une imperceptible ténuité. Ce fil, long
quelquefois de plus d'un mètre, se solidifie

par évaporation spontanée. Aussitôt la ly-
cose grimpe rapidement à ce cordage que
la force de projection tient encore tendu ;
et, dès qu'elle est parvenue à l'extrémité
de ce premier fil, elle en darde avec la
même prestesse un nouveau et successivement plusieurs autres, jusqu'à ce qu'elle
ait traversé les couches inférieures de l'atmosphère. Arrivée à des couches de moindre densité, elle cesse alors d'être acrobate
et se fait aéronaute, afin de se maintenir à
ces grandes hauteurs où elle doit passer
toute la belle saison, y soignant en paix sa
nombreuse famille et chassant aux insectes, aux animalcules que leur légèreté tient
en suspension dans l'atmosphère. Mais signalons ici quelques détails intéressants.

C'est une des scènes les moins connues
et les plus singulières du Printemps que le
départ de ces araignées qui, par myriades,

escaladent l'air, chacune le long d'un fil
lustré, qui serait invisible, s'il ne réfléchis-
sait sous un certain angle les rayons du
soleil. Quand l'heure est venue, que l'air est
tranquille et que la pureté de l'aube a promis un beau jour, les lycoses affluent de
toutes parts et s'élancent, chacune comme
une flèche, pour franchir rapidement la
zone atmosphérique où règne l'hirondelle,
très-avide de leur chair. Puis chacune se tisse
pour aérostat un petit ballon soyeux, où
elle emprisonne quelques bulles d'air. Ces
bulles, chauffées par le soleil, se dilatent
et, par conséquent, compensent le poids
de l'araignée qui, par elle-même, n'est
guère plus lourde que la poussière soulevée
par le vent. Elle flotte ainsi suspendue par
un fil délié que la pluie ne mouille pas.
L'aile du moindre zéphir suffit pour la transporter et la faire planer aux stations qu'elle

choisit afin d'y tendre sa toile. Cette toile,
presque transparente, est formée de fils
blancs qui, par leur excessive ténuité, laissent au vent peu de prise et en atténuent
encore l'action par leur extrême élasticité.
Si son instinct lui annonce une tempête, elle
descend bien vite jusqu'à la cime d'un arbre
où, si petite, elle trouve aisément un abri.
Nous la verrons descendre jusqu'au sol,
en automne, et elle nous étonnera par les
artifices instinctifs qu'elle met en œuvre
pour passer commodément tout l'hiver.

Mais portons plus haut notre pensée.

Le Printemps, par ses nombreuses analogies, est, pour nous, l'emblème du jeune
âge. C'est ainsi que l'un et l'autre, malgré
leur charme respectif, intéressent moins
par ce qu'ils donnent que par ce qu'ils font
espérer. On dirait que chacun d'eux n'est

vraiment qu'une séduisante promesse. Le
Printemps prépare l'Eté, saison la plus efficace de l'année, comme la jeunesse prépare l'âge viril, période la plus efficace de
la vie. Le Printemps a ses papillons éphémères, comme la jeunesse a ses rêves do-
rés ; enfin, si le Printemps a ses fleurs
naturelles, qui forment son principal ornement, la jeunesse a, pour ainsi dire, ses
fleurs morales, qui constituent sa plus
belle couronne. Bien plus, par une analogie supérieure, d'où dérive pour nous un
haut enseignement, la floraison de la plante
et la floraison de l'âme ne peuvent s'accomplir et ne s'accomplissent, en effet, que
sous cette condition parfaitement correspondante : l'une, sous le rayon du Soleil ;
l'autre, sous le regard de Dieu.

HARMONIES DE L'ÉTÉ.

L'Été présente en égale proportion, pour ainsi dire, l'utile et le beau, l'abondance et l'éclat. À mesure, en effet, que le Printemps lui cède la souveraineté de l'horizon, tout devient à la fois plus riche et plus resplendissant. Le soleil est plus radieux, l'eau plus limpide, l'air plus azuré. Les fruits, qui, par le nombre, rivalisent alors avec les fleurs, montent comme elles aux teintes les plus vives. Le reptile, le poisson, l'insecte, le mollusque, jouissant enfin de leur pleine activité, revêtent à l'envi le plus brillant costume. Le sol s'habille, à son tour, de moissons dorées ; le lac aussi, pour nous nourrir, se peuple d'animaux divers ; et, cité populeuse elle-même, la forêt, pour nous plaire, s'égaie de mille chants.

Arrêtons-nous à quelques points prédominants, afin de mieux comprendre le rôle respectif du soleil, de l'air et de l'eau.

Le soleil règne au firmament, dont il éclipse effectivement tous les astres par son éblouissante irradiation; et, maître absolu de la terre, il y surexcite le calorique, la lumière et l'électricité, c'est-à-dire les agents supérieurs de la nature. On peut donc facilement prévoir les grands phénomènes qui s'ensuivent.

La chaleur portant au plus haut degré les forces végétatives, le ligneux s'accumule dans les arbres, la farine dans les grains, le sucre dans les fruits; le pin condense alors sa résine, la vigne enfle sa grappe, l'olive sécrète son huile et la figue distille son miel. Et que de contrastes harmoniques accom-

pagnent ces faits importants! Tandis que le
lys, à calice réfléchissant, brave à découvert
les rayons les plus chauds, la violette, à corolle absorbante, cherche sous l'ombre un
abri; et, tandis que le reptile s'étale sur le
sol pour que le soleil irise d'autant mieux
ses écailles, le martin-pêcheur, au contraire, vole au bord de l'étang sous les fraîches arcades du saule, afin que le soleil ne
fane point le bleu délicat de ses scapulaires.

En même temps, pour que l'homme puisse
mieux contempler les attraits de la perspective, l'astre royal prolonge la durée du jour.
Bien plus, par un excès de lumière, il étend
au loin la limite de visibilité, rend plus dis-
tincts et plus nets tous les accidents du
paysage et, pour compléter le décor, donne
à toutes les couleurs, dans l'animal comme
dans la plante, leur plus splendide intensité.
Voyez encore ici que d'harmonies jusque

dans les contrastes! l'orange peint d'un reflet d'or la pâle pistache, et le citron se
détache plus jaune sur la couleur terne de
l'olive, tandis que l'abricot relève de son fin
coloris le ton verdâtre de l'amande. Pour
mieux se cacher, le lézard gris se tient sur
le mur et le lézard vert dans la prairie ;
tandis que, pour être mieux vus, le papillon bleu se pose sur la fleur blanche, et le
papillon rose sur la feuille verte.

A cette double action thermique et lumi-
neuse, le soleil unit encore son action électrique. L'électricité, qui stimule si puissamment les affinités chimiques, constitue
surtout le phénomène de la foudre, phénomène formidable, mais nécessaire et bienfaisant. Ses signes précurseurs suffisent déjà
pour impressionner plus ou moins tous les
êtres. L'air tiède, immobile, étouffant, semble appesanti par les nuages épais et bas

qui assombrissent l'horizon. Ces nuages
orageux prennent avec ordre la place que
leur assignent leur état électrique et leur
densité. Le silence se fait dans le bocage
ainsi que dans les champs, l'homme lui-
même éprouve un naturel effroi. Averti par
son instinct, le papillon s'esquive le premier, abandonnant la fleur qui se ferme
bien vite, comme si elle était prévenue,
elle aussi, par un agent mystérieux. Tou-
les animaux, un à un, se retirent conster-
nés : l'ours regagne sa tanière, le cerf son
gîte, le lapin son terrier, la brebis son étable, la poule sa basse-cour, la fauvette son
nid et le moineau son toit. L'atmosphère,
en effet, commence à s'agiter, la poussière
se soulève en tourbillons, l'arbre frissonne
dans toutes ses feuilles et, de la nue qui
cache tout le ciel, se dégagent des lueurs
intermittentes que suit chaque fois un mur-

mure menaçant. Enfin la foudre déchire
l'air avec fracas, la pluie tombe par tor-
rents, suivie parfois de la grêle ; et les
éclairs, presque continus, semblent n'illu-
miner l'espace que pour mieux faire voir
toute l'épaisseur des ténèbres. Le tonnerre
qu'ils produisent n'est par lui-même qu'un
choc unique et sec, mais il se transforme,
par l'effet des distances, en un roulement
plus ou moins prolongé. Sous la violence
du vent qu'irrite le brusque défaut d'équilibre, l'océan mugit dans ses abîmes, tandis
que la terre, sous l'ébranlement électrique,
frémit jusque dans ses profondeurs.

Oh ! qu'en présence d'un tel cataclysme,
l'homme est petit et faible !! Mais la Providence a le regard sur lui. Peu-à-peu les
éclairs redeviennent plus rares et moins
vifs, le tonnerre se tait, la pluie cesse, et
voici qu'au sein de la nue presque épuisée,

apparaît un messager consolateur, l'arc-en-
ciel, qui, pavoisant son gracieux hémicycle,
annonce que l'astre du jour rentre en possession de son empire.

Et dans cette tempête électrique, qui est
une des harmonies les plus essentielles de
l'Eté, voyez comme tout s'enchaîne et se
tient ! Pour que la maturation des grains
s'effectue parfaitement, il faut que la sève
s'y renouvelle sans cesse, que l'évaporation
soit abondante et rapide, ce qui exige un
soleil très-actif. Mais cette chaleur extrême
pulvérise le sol, dessèche le ruisseau, appauvrit le lac, étiole la plante, fatigue les
animaux, répand dans l'air des miasmes
qui l'altèrent... Eh bien, l'orage va tout
concilier avec profit, sans interrompre, pour
ainsi dire, l'action solaire, sans que l'évolution physiologique éprouve sensiblement
un point d'arrêt. La foudre, tamisée par les

miasmes en produits fertilisants, la pluie
dissout et précipite ces produits, le vent les
distribue par elle sur tous les points. Aussitôt le sol reprend sa consistance, le ruisseau son cours, le lac son niveau, la prairie sa verdure, la fleur son coloris, le
papillon son vol, le rossignol sa voix :
l'homme enfin respire un air doux, pur et
parfumé. Et que de détails intéressants
nous échappent encore ! Citons du moins
le redivivus que la dessication semblait
avoir frappé de mort et qui tout joyeux reprend, au simple contact de l'eau, le mouvement et la vie.

Remarquons aussi, dans le phénomène
de la foudre, le merveilleux concours de
l'air et de l'eau. Pour qu'il y ait étincelle,
c'est-à-dire décharge électrique, il faut que
deux corps d'électricités contraires soient
en présence, mais isolés par un mauvais

conducteur; et, pour que cette étincelle soit
intense, il faut que l'électricité, dans les
deux corps, ait une assez forte tension.
Cette double condition se trouve admirablement réalisée d'une manière très-simple.
L'eau que la chaleur évapore est par cela
même chargée d'une électricité, tandis
qu'elle laisse dans le sol l'électricité contraire ; et, comme la vapeur s'agglomère en
nuage, l'atmosphère devient ainsi comme
une batterie électrique d'autant plus puissante que le nuage est formé d'une infinité
de petites bulles dont la surface totale présente un immense développement. Mais
l'air, qui tient en suspension le nuage orageux, conduit mal l'électricité. C'est donc
un corps isolant, qui réunit de plus deux
avantages ; car, invisible et mobile, il peut,
sans faire obstacle à notre vue, transporter
le nuage où la foudre doit agir.

9

C'est dans les déserts de l'Afrique, sous
les rayons verticaux du soleil, que ce silence
est plus complet, plus solennel, s'imposant
même jusqu'aux forêts lointaines où l'animal, sous leur feuillage immobile, s'abrite
et se tait. Mais, comme la puissance divine
concilie facilement ce qui semble tout-à-fait
incompatible, de verdoyantes oasis s'épanouissent dans ces plaines ardentes, et des
animaux supérieurs y trouvent aussi toutes
leurs conditions de bien-être.

Et, par exemple, voyez comme tout est
calculé dans l'autruche pour la vie du désert. Sa haute taille, qui l'exclut des horizons boisés, est un élément de vitesse que
vient accroître encore sa patte longue et
forte. Mais voyez comment tout se tient et
s'enchaîne par des liens harmoniques. L'a-
longement de la patte exige celui du cou,
afin que le bec puisse descendre jusqu'au

sol. La longueur du cou présente elle-même
un double avantage : elle permet le dépla-
cement facile du centre de gravité, selon
que l'oiseau veut marcher ou courir; de
plus, elle ménage à l'œil un observatoire
élevé. L'œil, qui est très-saillant, domine
ainsi dans tous les sens une vaste étendue,
circonstance nécessaire pour l'autruche qui
elle-même est aperçue de fort loin. L'exagération de la patte entraîne l'atrophie de
l'aile et des doigts; mais des doigts longs
et nombreux n'eussent été qu'un obstacle
à la locomotion; et, quant à l'aile, elle ne
cesse d'être une rame que pour devenir un
éventail. Voyez. Elle flotte en panache, ainsi
que la queue, de telle sorte que la vestiture
du pennifère fonctionne comme un ventila-
teur qui devient plus actif à mesure que la
course de l'autruche est plus rapide. La
longueur et la souplesse des vertèbres cer-

vicales supposent une tête légère. Or, par suite de sa légèreté, la tête pivotant sans effort sur le cou, promène le rayon visuel dans toutes les directions et prévient ainsi toute surprise. Le bec, n'ayant pas de caractère précis, n'exprime aucune spécialité de régime alimentaire. Or la variété de régime est bien nécessaire à l'animal dans ces solitudes dépouillées. Toutefois elle suffit d'autant mieux à l'autruche que la vélocité de sa patte lui permet de distribuer son repas sur mille points. Cette organisation si bien appropriée aux exigences difficiles du désert, se retrouve dans tous les animaux compatriotes de l'autruche, mais singulièrement modifiée d'une classe à l'autre, de telle sorte que si nous comparons le dromadaire et l'autruche, nous allons constater, entre ce mammifère et cet oiseau, les analogies qui répondent à leur habitacle

commun et les différences qui tiennent
à leur type respectif. Chez les deux, la taille
est haute, la patte longue, la digitation réduite, le cou long, la tête légère, l'œil saillant. Mais le dromadaire, qui est quadru-
pède, a le pas plus sûr, tandis que l'autruche l'a plus rapide, parce qu'avec sa forme
plus svelte et sa patte plus longue, elle a
pour complément de vitesse le concours de
son aile. Le système dentaire du dromadaire
lui impose un régime alimentaire plus restreint. L'animal est sobre, il est vrai; mais
cette sobriété ne pourrait suffire pour assurer son alimentation, et l'on se demande
comment ce ruminant, qui est herbivore et
volumineux, ne périt pas à la fois par la
faim et par la soif. La question est merveil-
leusement résolue par une double harmonie : le dromadaire porte sa provision de
vivres dans la masse graisseuse qui sur-

monte son dos, et sa provision d'eau dans les nombreux godets que présentent les parois de sa panse !

Mais quittons ces harmonies secondaires, qui ne doivent pas nous faire oublier d'autres harmonies d'un ordre plus élevé.

L'Été, par la température qui lui est propre, a le privilége de nous donner les plantes alimentaires par excellence, les céréales, qui demandent en effet une chaleur assez soutenue. Mais, contre cette chaleur qui nous débilite, nous avons besoin d'un régime fortifiant, que nous offrent précisément ces graminées. Et notons, en passant, cette petite harmonie de nos guérets. Le coquelicot, parmi les épis, s'entremêlant avec le bluet, le champ du laboureur présente donc associées les trois couleurs complémentaires : le rouge, le jaune et le bleu.

En même temps qu'il nous donne les

plantes les plus nutritives, l'Été, par une
concordance tout aussi remarquable, nous
fournit surtout les fruits à noyau, c'est-à-
dire les plus rafraîchissants. Ces fruits, il
est vrai, durent moins que les fruits à pépins ; mais, comme ils se succèdent en
série continue, ils ajoutent ainsi à leur qualité naturelle l'agrément de la variété.

On comprend encore par quelle harmonie de rapport l'Été doit être principalement la saison des animaux à sang froid.
Les insectes surtout sont alors très-nombreux, et cette particularité répond à cette
loi conservatrice de la nature, qui veut
qu'une famille soit d'autant plus nombreuse
qu'elle est soumise à plus de dangers. Or
les insectes doivent servir de nourriture à
d'innombrables ennemis, et notamment aux
petits oiseaux qui leur font une guerre in-
cessante. Et si vous voulez avoir une idée

de ces échenilleurs expéditifs, suivez des
yeux cette mésange-*rémiz*. Voyez avec
quelle prestesse elle agit de l'aile, de la
patte et du bec, pour voltiger d'un arbre à
l'autre, pour parcourir en tous sens les
branches et le tronc, pour fouiller toutes
les fissures du bois et toutes les rides de
l'écorce. Voyez comme elle se joue de la pesanteur et prend sans effort toutes les atti-
tudes. Admirable petit être! qui semble si
bien né pour le mouvement que son nid
même n'est pas au repos et flotte au gré
du vent, suspendu par un fil au bout d'un
rameau flexible. C'est en détruisant, sans
raison comme sans pitié, ces auxiliaires
naturels, que nous rendons calamiteuse la
multiplicité des insectes. Ajoutons, pour
être justes, que plusieurs insectes nous sont
directement utiles par leurs produits, puisque nous devons: au cynips, l'encre à

écrire ; à la cochenille, la couleur écarlate ;
à la cantharide, un actif vésicant ; au bombyx, la soie ; à l'abeille, la cire et le miel.
Plusieurs autres aussi, depuis le stercoraire
jusqu'à la mouche, contribuent puissamment à la salubrité de l'air en faisant rentrer dans l'organisme les substances putrides qu'ils recherchent avidement. Et qui
sait enfin si beaucoup d'autres ne sont pas
destinés à détruire les myriades de germes
microscopiques qui s'abattent en parasites
sur les plantes et sur les animaux ?

L'Été doit donc être assurément la plus
animée des quatre saisons. Et d'abord,
quelle diversité de mouvements depuis la
libellule, au long corsage, qui fend l'air
comme un trait sans froisser ses ailes de
gaze, jusqu'au cygne, à forme de nacelle,
qui glisse mollement à la surface de l'eau
sans mouiller ses plumes de satin ! Ici,

c'est l'araignée aérienne qui gouverne avec adresse son petit aérostat ; là, c'est l'araignée aquatique qui manœuvre avec art sa cloche à plongeur, ou bien c'est le pluvier, dentiste étrange, qui nettoie de son bec assorti le ratelier du crocodile. Plus loin, c'est la cigale qui, stationnant aux branches du pin, fait bruire obstinément ses ailes demi-parcheminées, tandis que l'hydromètre arpente, silencieux, la nappe d'eau, s'appuyant sur ses longues pattes comme sur des pointes de compas. Quelle diversité surtout dans les artifices de l'instinct. Ainsi l'oiseau-tailleur, afin de restaurer son logis, coud des feuilles entre elles, n'ayant pour fil que des brins d'herbe, et pour aiguille, que son bec. Le loxia, pour distraire sa compagne dans la dure période de la couvaison, chante dès l'aube sur une balançoire dressée par lui tout auprès : et, le soir,

fixe au plafond de son nid, en guise de lustre, un ver-luisant. Le bengali, pour se
baigner, se plonge adroitement dans la
feuille du népenthès, fontaine végétale en
forme d'urne surmontée d'un couvercle
qui, chaque nuit, renouvelle son eau et
s'ouvre complaisamment à l'heure accoutumée. Et voulez-vous un exemple des combinaisons qu'une simple larve met en jeu
pour s'emparer de sa proie? examinez, un
moment ce fourmilion, caché au fond de
l'entonnoir très-évasé qu'il creuse dans le
sable. Il attend dans ce piége l'insecte qu'il
ne peut atteindre ni par la course, ni par
le vol. Or, voici une fourmi, diligente mais
myope, qui trébuche au bord du précipice
et qui tombe, en s'efforçant toutefois de
vaincre la pente raide du talus. Aussitôt le
fourmilion, au moyen d'un appendice en
forme de pelle, fait pleuvoir sur elle une

grêle de sable, et la fourmi succombe sous
cette véritable lapidation. Après avoir sucé
sa proie, le fourmilion emporte au loin le
cadavre qui serait pour d'autres victimes
un avertissement. Le temps enfin nous
manquerait si nous voulions signaler toutes
les scènes curieuses de l'Été depuis l'aurore
jusqu'au crépuscule. La nuit elle-même, si
belle avec son atmosphère transparente et
son dôme étoilé, n'est pas privée d'une certaine animation. Le renard, rusé marau-
deur, guette dans les champs une occasion
favorable; le hibou, chasseur circonspect,
se tient en embuscade sur des ruines; la
chauve-souris, émule de l'hirondelle, pour-
suit dans l'air les phalènes; le crapaud,
singulier garde-champêtre, recherche les
limaces dans les jardins; et, tandis que le
grillon, chante au seuil de sa demeure et
la grenouille, à la surface du marais, la

fulgore allume, dans la charmille, son fanal
phosphorescent.

Ainsi l'ornementation de l'Été, par les
plantes et par les animaux, est d'autant
plus somptueuse que les deux règnes organiques sont alors plus populeux et plus
parés. Les fleurs, il est vrai, ne sont
pas tout-à-fait aussi nombreuses que celles du Printemps; mais toutefois, que de
teintes variées depuis le glaïeul jusqu'à
la renoncule; que d'inflorescences diverses, depuis le cactus jusqu'à la pivoine;
que d'arômes différents, depuis la tubéreuse jusqu'au réséda; quelle variété de
ports, depuis l'immortelle jusqu'au grena-
dier; que de formes inattendues, depuis
le lopézia, qui a toutes les apparences d'un
charmant petit papillon, jusqu'au strélitzia, que rendent vraiment indescriptible
les particularités gracieuses de son type et

surtout les combinaisons délicates de son coloris.

Notez aussi combien l'Été l'emporte, à son tour, sur le Printemps par le nombre et la beauté de ses fruits. Que de teintes vermeilles, depuis la groseille jusqu'à la pêche ; que de formes symétriques et de volumes gradués depuis la cerise, premier-né de ses fruits, jusqu'au melon, produit spécial qui tient du fruit par la saveur et de la fleur par le parfum. Que de couleurs différentes pour chaque plante et de nuances diverses pour chaque couleur! Et puis encore, quel luxe de panaches et de diadèmes à tous ces oiseaux, de cuirasses d'argent à tous ces reptiles, de squammes nacrées à tous ces poissons, de reflets métalliques à tous ces insectes. Quelle profusion de rubis, de saphirs, de topazes, d'émeraudes sur la tête d'une seule mou-

che ! Enfin, depuis le fond des eaux jusqu'au plus haut des airs, quelle pompe partout, et partout quelle parfaite harmonie !

Toutefois, n'ayant ni le frais sourire du
Printemps, ni la douce mélancolie de l'Automne, l'Été, par sa magnificence, impose
plus qu'il ne charme. Et c'est là même un
de ses traits d'analogie avec l'âge viril,
qu'il symbolise évidemment par ses caractères essentiels. Ainsi, l'Été est la saison la
plus efficace de l'année, comme l'âge viril
est la période la plus effective de la vie. La
nature, en Été, déploie ses forces organiques dans toute leur énergie ; l'homme, à
l'âge viril, possède dans toute leur plénitude ses facultés physiques. En Été, la
lumière et la chaleur montent à leur extrême intensité ; dans l'âge viril, l'intelligence et le cœur s'élèvent à leur plus haute
puissance. L'Été succède au Printemps et

l'âge viril succède à la jeunesse; et, comme
l'Été ne répare guère un Printemps défec-
tueux, l'âge viril ne compense que difficilement une jeunesse désordonnée. Enfin,
c'est l'Été surtout qui assure les richesses
de l'Automne, et c'est aussi l'âge viril qui
dispose le bien-être de l'âge mûr; et si
l'Été parfois a des ouragans terribles qui
détruisent en un moment les plus opimes
récoltes, l'âge viril a parfois de terribles
désastres qui bouleversent soudainement les
positions les plus enviées. Mais alors, et
quelque violente que soit l'épreuve, n'oublions pas qu'à tous ces orages, aussi, Dieu
met un arc-en-ciel, l'arc-en-ciel des âmes,
l'espérance. Et puis, n'attachons aux pros-
pérités mêmes d'ici-bas qu'une valeur secondaire, puisque notre âme, par cela seul
qu'elle est immortelle, ne peut trouver le
bonheur dans ce qui doit finir.

HARMONIES DE L'AUTOMNE.

L'Automne est la fête des vergers, des coteaux et des bois. Voyez, en effet, sous ces riches décors, voyez comme l'abondance et la joie se manifestent partout et se diversifient.

Aux rayons d'un soleil encore brillant et chaud, l'espalier plie sous l'exubérance de ses fruits à mille couleurs, la vigne fléchit aussi sous le poids de ses grappes vermeilles, le chêne lui-même ne peut suffire à retenir dans ses cupules ciselées le nombre indéfini de ses glands. Sollicité de toutes parts, le regard hésite, ne sachant où se poser. Ici, c'est le cognassier qui répand dans l'air son arome, tandis que la truffe,

10

sous le sol, concentre son parfum. Là, près
du safran, qui est en pleine floraison, le
rouge-gorge et la grive, derniers artistes de
l'année, avec mesure entremêlent leur
chant. Dans les jardins, la musaraigne, ce
nain gracieux des mammifères, se dédom-
mage de l'exiguité de sa taille par la prestesse de ses mouvements, et le lælia, plante
parasite, étale sur les arbres la beauté de
sa forme et la magnificence de sa fleur.
Surexcitée par une prévoyance naturelle,
l'activité redouble dans la fourmilière, dans
la ruche, dans le terrier ; tandis que dans
l'eau, le poisson, profitant de la fin des
beaux jours, prend, plus animé, ses ébats.
Nous participons tous nous-mêmes, plus ou
moins, à cette commune allégresse : pour
l'homme des champs, c'est la période des
vendanges ; pour l'homme de loisir, c'est
le temps de la chasse et de la pêche ; pour

l'homme d'étude, c'est l'époque des vacances. Et notez bien que tout ici les favorise, car le jour est encore assez long, la température assez douce et l'air assez pur.

L'Automne, qui doit surtout terminer l'évolution phytologique commencée par le Printemps, doit, en même temps et par une gradation inverse, établir le passage de la saison chaude à la froide saison. Pour mieux saisir dans leur concours ces deux fonctions si distinctes, ne nous attachons qu'aux faits essentiels, aux phénomènes prédominants.

L'Automne caractérise par des teintes plus ou moins foncées la plupart de ses fleurs, comme aussi de ses papillons, qui sont, pour ainsi dire, des fleurs ailées; mais il relève souvent ces teintes par des touches très-vives. On dirait qu'il réserve à sa flore cette beauté spéciale des contrastes, pour qu'elle ne puisse envier ni les nuances délicates du Printemps, ni les tons éclatants de l'Eté. Que de fleurs remarquables pourtant parmi ces belles-de-nuit panachées de rouge, de jaune, de lilas ; parmi ces colchiques à reflet rose ou violacé ! Et puis voici le cobœa, qui développe sur les murs ses jolies guirlandes, ou bien, l'immortelle, qui parsème de boutons d'or le sol le plus dépouillé. Dans les parterres ou dans les champs, c'est l'anémone ou le datura, c'est l'héliotrope ou l'hémérocalle, et tant d'autres encore, depuis le dahlia, qui pavoise en souverain sa belle cocarde, jusqu'au modeste chrysanthème, qui maintient le dernier sa feuille verte et sa fleur ligulée, image de ces natures d'élite, qui, jusque dans leur plus arrière-saison, conservent, pour ainsi dire, et la jeunesse de l'esprit et l'adolescence du cœur.

La feuille elle-même devient décorative,

par ce phénomène automnal de coloration
qui la fait passer du vert au jaune diversement nuancé, parfois même du vert au
rouge, à l'amarante, au violet.

Toutefois ce sont les fruits qui, pour la
plus grande part, concourent à l'ornementation de l'Automne. Parmi ces fruits nombreux, si divers de volume, de forme et de
couleur, tels que la pomme et la poire, l'ave-
line et la noix, la sorbe et le marron, la
figue et la grenade, citons surtout la pêche
et le raisin. Car le raisin, par l'excellence
qui lui est propre et par le produit généreux qui en dérive, est le roi des fruits à
pépins, comme la pêche, par les priviléges
qui la distinguent, est la reine des fruits à
noyau, flattant à la fois le toucher par son
velours épidermique, la vue par son coloris
rose et vert, l'odorat par son parfum suave
et le goût par son exquise saveur. Mais n'ou-

blions pas de signaler une différence harmonique entre ces fruits et les fruits de l'été :
en automne, ce sont les fruits à pépins qui
prédominent, c'est-à-dire ceux qui se conservent le mieux. Il en devait être ainsi,
parce que l'automne est chargé de produire
non-seulement pour ses propres dépenses,
mais encore pour les réserves de l'hiver.

Quoi qu'il en soit, cette utile saison porte
dans sa parure un caractère distinctif, parfaitement assorti à son rôle et qui a bien
aussi ses charmes. On pourrait même ajouter que, par une disposition mystérieuse de
notre âme, une belle soirée d'Automne ne
le cède guère à la plus belle matinée de Printemps. Sans doute, le Printemps est l'aurore de l'année, tandis que l'Automne en
est le crépuscule ; et, par conséquent, nous
saluons en quelque sorte, dans l'un, l'a-
vènement du soleil et, dans l'autre, son

départ. Mais l'Automne, qui rachète l'infériorité numérique de ses fleurs par la su-
périorité réelle de ses fruits, compense
aussi la grâce naturelle du Printemps par
ce prix qui s'ajoute au bien que l'on va
perdre. C'est ainsi que l'air radieux de l'ami
qui nous vient, nous pénètre beaucoup
moins que le regard voilé de l'ami qui
nous quitte.

Or, le soleil, comme s'il voulait se faire
regretter davantage, met en jeu toute la
magie de ses couleurs. Effleurant la cime
des montagnes, il en dessine le relief par un
filet d'un jaune pourpre qui se détache nettement du fond gris bleu de l'espace, et, en
même temps, il brode de magnifiques teintes les nuages qui flottent en écharpe aux
confins de l'horizon. A cet adieu du bel
astre, les fleurs ferment leur corolle, et le
saule-pleureur incline plus mélancolique-

ment ses branches, que répètent les trans-
parences profondes du lac.

Réduits par la brièveté du jour à quitter
trop tôt leur pâturage, le bœuf, d'un pas
lent, revient à son étable, et le canard regagne, muet, sa basse-cour. Déjà l'ortolan,
petit oiseau de passage, a pris son gîte dans
le taillis ; bientôt tout sommeille dans le
bocage, et le roucoulement langoureux de
la palombe émigrante traverse seul le silence
de l'horizon. A ce spectacle, qui s'adresse
bien plus à la pensée qu'aux sens, l'âme,
naturellement penchée vers la tristesse, se
sent éprise d'une méditation grave, que
parfois elle préfère aux épanouissements
frivoles du Printemps.

Dès que l'Automne a rempli sa première
et principale fonction, les phénomènes que
la seconde exige, en sens inverse des phénomènes du Printemps, commencent à

s'accentuer de plus en plus. Le rayon solaire devient de plus en plus oblique, d'où résulte que la température baisse par degrés et que le jour cède une plus grande partie de ses heures aux envahissements progressifs de la nuit. En même temps, l'air et l'eau con-courent à former une atmosphère brumeuse et refroidie. C'est ainsi que, longtemps d'avance, l'Automne annonce la venue de l'hiver, avertissement bien nécessaire à la plupart des animaux, pour qu'ils aient le temps de se prémunir contre les rigueurs de cette saison. Chacun d'eux effectivement se précautionne selon la loi de son instinct, c'est-à-dire avec un art qui, souvent, dépasse de beaucoup les combinaisons les plus savantes, les conceptions même du génie.

L'ours polaire, si bien protégé par sa four-rure épaisse et blanche, n'a pas besoin de se pourvoir contre le froid, puisqu'il trou-

vera d'ailleurs un véritable calorifère dans
la couche de neige qui bientôt va le couvrir ;
mais il doit songer aux moyens de se nourrir et même de respirer ! Comment pourra-
t-il résoudre ce double problème? Profitant
des derniers beaux jours pour augmenter
son régime alimentaire, il accumule ainsi
dans son tissu adipeux une provision de
graisse qui, lentement résorbée, pourra
suffire à ses besoins, que doit notablement
restreindre le sommeil hibernal. Dès que la
neige tombe avec abondance, il se replie sur
lui-même, et, pour n'être pas asphyxié, il
dresse verticalement son museau, accélère
sa respiration et produit sans arrêt un courant gazeux assez chaud. Par ce courant,
qui traverse la couche de neige à mesure
qu'elle se forme, il la perce d'un soupirail
qui le tient ainsi en communication directe
avec l'atmosphère.

Le castor, placé en de moins dures conditions, opère autrement. Calfeutré dans sa
demeure aquatique, il doit, comme l'ours,
y vivre de la surabondance de sa graisse;
mais, prévoyant le cas d'un réveil accidentel, il fait une réserve de racines et d'écor-
ces qu'il tient sous l'eau, c'est-à-dire au
rez-de-chaussée; il occupe en famille l'étage
supérieur, et, pour y renouveler l'air de
temps en temps, il ouvre des orifices à travers le plafond que la glace forme à la surface de l'eau. Cette glace est très-épaisse et
très-dure sans doute, mais le castor a des
dents en biseau qui peuvent limer la pierre
et même le fer.

L'Econome, soumis à une léthargie moins
profonde, procède différemment : il entasse
dans son terrier une quantité de végétaux
qui contraste étrangement avec le volume
de ce petit rongeur. Toutefois, cet excès de

provisions qui le sauve de la disette aux hi-
vers même les plus prolongés, peut répondre à d'autres services, et notamment, sans
le grenier de l'Econome, les chasseurs
d'hermine ne pourraient trouver sous la
neige le fourrage nécessaire à leurs chevaux.

Si nous descendions encore de plus en
plus la série zoologique, notre surprise ne
ferait que s'accroître, car l'animal inférieur, par cela même qu'il est plus simpli-
fié, doit avoir moins d'organes au service
de son instinct. Et comment pourrions-nous
ne pas admirer, par exemple : ici, une
guêpe se pétrissant, sans outil et sans eau,
un nid calcaire qui, par sa couleur, se confond et se dérobe dans le mur où il est in-
crusté ; ou bien un cynips, inoculant ses
œufs dans une feuille de chêne, pour qu'ils
puissent attendre sans danger le retour du
printemps ; là, une simple chenille, fixant

son nid par de fortes amarres afin qu'il résiste sans peine à toutes les violences du
vent, ou bien une mite apode se tissant,
avec quelques brins de laine, un fourreau
moelleux qui doit lui servir tout à la fois de
vestiture et d'abri.

Mais passons plutôt à d'autres harmonies
que nous présentent un grand nombre d'a-
nimaux qui, n'étant ni sédentaires, ni hibernants, doivent s'enfuir aux approches de
l'hiver. Et d'abord, c'est la classe des oiseaux
qui fournit le plus d'émigrants. Le type or-
nithologique est, en effet, le mieux conformé
pour des voyages lointains, puisque, par son
aile, l'oiseau dispose, à son gré, de l'atmosphère, immense voie qui s'ouvre à la fois et
sans obstacles dans toutes les directions. Et
quelle harmonie secondaire préside encore
à l'ordre même dans lequel s'effectue le départ! L'émigration commence par les insec-

tivores, continue successivement par les échassiers et finit par les palmipèdes. Cette différence dans les époques du départ répond à la différence respective des régimes alimentaires. Les insectivores éprouvent, les premiers, les menaces de la disette, parce que les insectes manquent dès les atteintes initiales du froid, tandis que les animaux aquicoles, dont se nourrissent les palmipèdes, persistent les derniers. Et cette persistance des animaux aquicoles s'explique aisément : d'une part, ils peuvent naturellement s'accommoder d'une température assez basse, puisque ce sont des animaux à sang froid; d'autre part, ils peuvent se réfugier dans les couches profondes de l'eau pour y trouver une chaleur suffisante, car ces couches inférieures sont les plus denses, et l'eau, à son maximum de densité, a la température de $+ 4°$. La classe des pois-

sons, vivant dans un milieu qui lui permet
de se transporter au loin sans obstacle et
presque sans danger, fournit aussi un certain nombre d'espèces voyageuses. Ajoutons
que l'oiseau et le poisson, pour favoriser
leur transport, ont de puissants auxiliaires :
l'un, dans les courants atmosphériques ;
l'autre, dans les courants océaniens. Et c'est
une seule et même cause, c'est-à-dire l'action solaire, qui fait naître tous ces courants.

Dans ces grands mouvements de translation liés par un but commun, que de faits
étonnants, que de résultats analogues, accomplis par des moyens très-divers! Ici,
c'est la svelte hirondelle, qui, jusque dans
les os du crâne, s'imbibe d'air chaud pour
prendre son vol plus léger; tandis que l'épais
diodon dilate son appareil hydrostatique,
pour voguer sans effort à la surface de
l'eau. Là, ce sont d'actives cigognes, qui se

disposent en triangle aigu, pour mieux fen-
dre l'atmosphère ; tandis que d'indolents
échinéis se rivent au plastron des thalassites pour parcourir sans fatigue l'Océan.

La classe des mammifères a peu d'espèces voyageuses et, de plus, ces espèces sont
petites. Cette double harmonie se motive
tout naturellement. En général, le mammifère est terrestre. Le sol lui refuse donc et
la voie libre que l'oiseau trouve dans l'air,
et l'auxiliaire commode que le poisson
trouve dans l'eau. Toutefois on comprend
que de petites espèces puissent plus ou
moins changer de résidence, parce que
leur exiguité même leur permet de circuler
plus facilement et surtout d'être moins
aperçues. Ajoutons que les petites espèces
appartiennent principalement à l'ordre des
rongeurs, si remarquable entre tous par
son instinct de prévoyance et de conserva-

tion. Voyez, par exemple, ces innombrables campagnols qui marchent en ligne droite et en colonne serrée, traversant les forêts, les montagnes, les rivières, sans modifier jamais leur mouvement rectiligne. C'est que la ligne droite est le trajet le plus court. Or les émigrants ont hâte d'arriver, bien moins préoccupés de la difficulté de la route que des attaques de l'ennemi. Ils sont attendus, en effet, et harcelés par de petits carnassiers qui les déciment au passage. profitant avec ardeur de cette occasion périodique qui est pour eux une époque d'abondance. Notez, comme circonstance nécessaire, que, dans le rongeur, la famille est si nombreuse qu'elle peut supporter ces pertes sans en être trop sensiblement affectée. Notez encore une autre harmonie : c'est que les petits carnassiers qui, dans leur chasse active, semblent n'agir que pour leur propre bien-être, accomplissent pour nous une œuvre utile, puisqu'ils restreignent le nombre des campagnols, parasites nomades qui pillent nos moissons.

Mais, de toutes les migrations annuelles, la plus remarquable assurément, c'est le retour des Lycoses, de ces petites araignées que nous avons vues, au Printemps, s'élever en aérostat dans les hauteurs de l'atmosphère. Elles y ont passé, loin du bruit et du danger, toute la belle saison, y tendant sans point d'appui leur toile et faisant ainsi la chasse à des insectes microscopiques. Cette proie, maintenant, leur fait défaut ; et puis, c'est pour elles - mêmes l'heure du sommeil hibernal. Les voici donc qui reviennent en parachutes, pour prendre leurs quartiers d'hiver sous le sol. Elles se logent, en effet, dans les trous que les lombrics ont quittés et qu'elles tapis-

sent d'une abondante soie pour les trans-
former en gîte moëlleux et chaud. Dans
leur voyage aérien, elles ont profité tour-à-
tour de trois véhicules différents : du calorique pour monter, du zéphyr pour circuler, de la pesanteur pour descendre. Elles
s'étaient allégées en enflant d'air chaud
leur montgolfière, elles ont augmenté leur
poids en formant un flocon de tous les fils
de leur toile, et conservant le petit ballon
pour ménager la vitesse de leur chute. Ce
sont les débris de leur toile et de leur aérostat qui, sous le nom naïf de fils de la
Vierge, voltigent en longs écheveaux blancs,
s'accrochant aux feuilles des arbres, aux
épines du buisson, aux moindres aspérités
du sol, habillent en quelques heures la
campagne de plus de soie que n'en pourraient produire dans une année tous les
bombyx de la terre. Et comme cette soie,

beaucoup plus fine et beaucoup plus écla-
tante, s'irise, aux derniers rayons solaires,
des teintes les plus vives, l'imagination ne
peut concevoir un plus admirable tableau
que ces milliers d'aéronautes, suspendus par
un fil presque invisible et long quelquefois
de sept à huit mètres, ne semblant tenir en
rien au ballon qui les supporte et, malgré
leur nombre indéfini, n'étant traduits au
regard que par les magiques effets de la
lumière réfractée.

Mais, tandis que s'effectuent ces démé-
nagements, tantôt avancés, tantôt retardés,
selon les indices de l'instinct, plus sûrs que
ceux du baromètre, voyez comme le jour,
graduellement, s'affaiblit et s'abrége, comme
l'horizon se décolore de plus en plus et
s'appauvrit, comme la fleur se défait, l'arbre s'effeuille, le fruit tombe, le mouvement
diminue, l'oiseau se tait, l'atmosphère s'en-

combre de brouillards, et le vent commence à prendre les allures de la bise.
L'Automne est fini.

Terminons nous-même par un parallèle
bien naturel.

L'Automne et l'âge mûr se correspondent par leurs points essentiels. Ce sont
deux périodes pareillement descendantes :
l'une, vers le déclin de l'année ; l'autre,
vers le déclin de la vie. Similaires encore
dans leur développement respectif, chacune
d'elles retient d'abord l'apparence de la période qui précède, et puis revêt par degrés
le caractère de la période qui suit. L'Automne produit beaucoup plus de fruits que
de fleurs, l'âge mûr aussi réalise bien plus
qu'il ne projette ; et, si l'Automne complète la fructification des plantes qui ont
donné leurs fleurs en été, l'âge mûr, à son
tour, ajoute aux idées acquises dans l'âge

viril cette maturité complémentaire qu'on
appelle l'expérience. Enfin, comme l'Automne n'a plus la vive ardeur de l'été,
l'âge mûr n'a plus les ardentes initiatives
de l'âge viril, c'est-à-dire donc qu'à la saison plus tempérée se rapporte également
l'âge plus réfléchi. Arrêtons-nous surtout à
cette analogie suprême : aux derniers jours
de l'Automne, la plante a son feuillage qui
se fane et qui tombe ; de même, aux derniers jours de l'âge mûr, l'homme voit
blanchir sa chevelure et bientôt son front
se dépouiller : mais que lui importe désormais cette couronne, ornement matériel de
la jeunesse et de la virilité, si, par le fidèle
accomplissement du devoir, il a préparé
pour diadème à sa vieillesse l'auréole sur-
naturelle de la vertu.

HARMONIES DE LA MER

tous les continents, comme elle y pénètre
par des golfes profonds et s'en laisse pénétrer par de grandes péninsules ; comme
elle en ondule le contour par mille baies, par
mille caps ; comme elle en détache, pour
mieux les enlacer, des milliers d'îles.

Toutefois, une harmonie de premier ordre devait être satisfaite ; il fallait que la
Mer, qui n'est qu'une partie accessoire de
la planète, n'eût qu'une masse minime par
rapport à la planète elle-même, qui est la
véritable demeure de l'homme. Tout se
trouve concilié par une disposition bien simple. La Mer ne forme qu'un dix-millionième
de la masse totale. Sa moyenne profondeur
n'est que le $\frac{1}{1350}$ du rayon terrestre ; de telle
sorte que, répandue sur tout le globe ni-
velé, elle formerait une couche qui n'aurait
guère qu'une épaisseur de deux mille mètres.

La Mer relie tous les compartiments de

la Terre, et, pour que rien ne puisse altérer ce titre d'intermédiaire universel qui lui
est propre, aucune ligne naturelle de dé-
marcation ne la divise. Elle reste, en effet,
la grande voie qui s'ouvre à l'homme dans
toutes les directions, sans en spécialiser aucune ; en un mot, la Mer est tellement le
domaine commun de tous les peuples, que
nul d'entre eux n'y peut inscrire sa souveraineté, ni même y laisser la moindre trace
de son passage.

La couleur de la Mer est un mélange plus
ou moins varié de vert et de bleu ; comme
si, pour mieux s'allier aux deux autres parties constitutives de la planète, elle devait
réfléchir à la fois et la verdure dont s'habille le sol et l'azur dont se pare l'atmosphère. En réalité, nous sommes ici sur une
des plus belles harmonies de la création, car
la Mer tient sur le Globe tant de place,

qu'elle devait avoir une nuance éminemment propre à reposer la vue. Toutefois,
dans sa couleur ainsi que dans sa tenue, la
Mer change souvent d'aspect : image de ces
natures mobiles que la plus petite circonstance extérieure fait passer brusquement
d'un extrême à l'autre, la Mer, au moindre
incident météorique, est calme ou agitée,
terne ou diaphane, tantôt venant au rivage,
douce comme une caresse, tantôt s'y pré-
cipitant, hérissée comme une menace. Elle
devient même terrible, quand un orage électrique la surexcite jusque dans ses profondeurs. Alors, assombrie par d'épais nuages
qui lui cachent tout le ciel, elle prend une
teinte livide que rend plus sinistre encore la
blanche écume de ses lames brisées; alors
son mugissement s'ajoute au sifflement aigu
de l'aquilon, au retentissement prolongé du
tonnerre ; elle bondit vers la nue, qui des-

cend elle - même pour la foudroyer de plus
près, et des éclairs continus illuminent la
scène, pour rendre plus apparents tous les
détails du cataclysme. Hélas ! sous ce triple
courroux de la Mer, de la foudre et du vent,
que peut penser l'homme superbe, s'il com-
pare seulement les angoisses de son navire,
jouet des flots, à l'équilibre parfait de l'al-
batros, qui se fait bercer par la vague, quand
il est las de folâtrer au sein de la tempête !

D'autres circonstances particulières modifient, sur une plus ou moins grande étendue, la coloration des eaux. Ainsi, dans les
zones glaciales, la Mer, solidifiée par le froid,
devient blanche, et, dans les zones intertropicales, elle prend parfois un aspect singulier : tantôt, sous un soleil radieux, des
myriades de petits crustacés la colorent de
magnifiques teintes ; tantôt, dans l'obscurité de la nuit, des myriades de noctiluques

phosphorescents la couvrent de lumière, et
alors le moindre choc de la rame y fait jaillir
des étincelles et le sillage du navire paraît
incandescent.

La salure de la Mer satisfait à plusieurs
conditions, bien différentes et, toutefois, plus
ou moins essentielles.

Pour nourrir ses nombreux habitants, la
Mer doit contenir en dissolution ou du moins
en suspension diverses substances organiques. Mais ces substances, qui la rendent
alimentaire, pourraient la corrompre, si le
sel, par son action chimique, ne s'y oppo-
sait efficacement. Et il est facile de pres-
sentir la loi qui régit le degré de salure propre à chaque zone. Sous l'équateur, la salure est au maximum, et puis elle diminue
graduellement jusqu'au pôle, où elle est
nulle. On comprend, en effet, que l'intervention conservatrice du sel soit plus néces-

saire dans les climats chauds, et pour deux
raisons. D'une part, la mortalité doit être
plus grande, puisque les eaux y sont plus
populeuses, attendu que les poissons, les
mollusques, les zoophytes, animaux à sang
froid, recherchent naturellement le calorique; et d'autre part, le calorique est, par
lui-même, une cause active de décomposition. Toutefois, et par une harmonie bien
remarquable, il contrebalance notablement
son action, en augmentant l'affinité de l'eau
pour le sel, c'est-à-dire en portant la salure
au maximum.

Ce maximum de salure est indispensable
dans les climats chauds pour modérer un
autre effet du calorique. On sait que la maturation de certains fruits exige une température très-élevée. Or, cette température excessive déterminerait à la surface de la Mer
une évaporation qui serait trop rapide, mais

l'eau, retenue par son affinité pour le sel,
résiste sensiblement à changer d'état. Ajoutons qu'elle résiste soit que le calorique
agisse pour la rendre gazeuse, soit que la
cohésion tende, au contraire, à la solidifier.
Et, comme il importe, pour maintenir le
niveau de la Mer, que l'évaporation soit restreinte dans la zone torride et que la congélation soit favorisée dans la zone glaciale, on
voit que le minimum de salure est aussi nécessaire vers le pôle que le maximum vers
l'équateur.

Notons encore deux harmonies qui ne
sont pas sans importance. Le maximum de
salure concourt, sous un autre rapport, au
bien-être des animaux marins, puisque, en
augmentant la densité de l'eau, il les dégage d'une plus grande partie de leur poids.
Le minimum de salure sied parfaitement à
la zone glaciale, et la présence du sel, qui

serait, au pôle, un inconvénient, y serait
sans utilité; car, par lui-même, le froid est
conservateur, et puis la population polaire
est rare, ce qui diminue d'une manière absolue la mortalité, c'est-à-dire la cause principale de putréfaction.

Passons à un autre point de vue. Tandis
que la surface du sol est immobile, celle de
la Mer est toujours en mouvement. Des milliers de courants la parcourent sans se confondre. Le plus merveilleux et le plus important est le Gulf-Stream, immense fleuve
suscité du sein même de l'Atlantique par
les rayons solaires qui, à l'équateur, élevant
la température de l'eau, la rendent, par
conséquent, plus légère. Ce fleuve étrange
a pour lit les couches aqueuses qu'il sur-
nage par sa moindre densité. Comme aussi,
par son azur limpide, il se distingue nettement de ses rives liquides, qui sont vertes

et qui, d'ailleurs, se dirigent en sens inverse,
afin de ramener aux zones intertropicales
l'eau qui doit l'alimenter. Ce courant déplace
une prodigieuse quantité de l'Atlantique ;
car il a plus de 2,500 lieues de développement sensible, sur une longueur qui, par
degrés, s'étend à plus de 600 lieues. De
bien loin le regard peut le reconnaître et le
suivre aux vapeurs qui le surmontent. A
son point de départ, et comme s'il voulait
profiter plus longtemps des rayons calorifi-
ques qui l'ont fait naître, le Gulf-Stream décrit une sorte de cercle. Au milieu de cet
orbe, il accumule une telle quantité de fucus
et de warechs que la Mer en est presque
visqueuse. Il contourne ensuite tout le golfe
du Mexique, où l'action solaire continue de
l'échauffer; puis, en sortant de ce golfe, il
se bifurque bientôt vers le Nord. Sur tout
son passage, il modifie singulièrement le

climat, reculant partout la limite des glaces
et s'opposant à la congélation de l'eau sur
les plages qu'il touche. Messager du calorique pour la zone glaciale qui, durant six
mois, pourrait se croire oubliée du soleil, il
pousse peut-être jusqu'au pôle après avoir
disparu toutefois, lorsque sa température
étant tombée à — 4°, la loi des densités le
fait descendre sous la couche superficielle,
qui est relativement moins dense. Le Gulf-
Stream, distributeur de la température océa-
nienne, ne suffirait peut-être pas, malgré la
capacité thermique de l'eau, pour expliquer
la possibilité d'une mer libre sous le pôle
même. Mais, la continuité de l'action solaire
durant une période de six mois, peut sans
doute concentrer sur ce point tout le calorique nécessaire. Et puis la puissance divine,
qui maintient des îles verdoyantes au milieu
des sables torridiens, saurait bien maintenir

une nappe liquide; ... ces éternels glaciers.

La direction du •... ain exige peut-être une remarque... La Mer, comme l'atmosphère, se cal... nécessairement sur la croûte terrestre qu'elle couvre; elle doit donc, à l'équateur, présenter le renflement qu'y présente la terre elle-même. Il en résulte que le Gulf-Stream descend naturellement vers le pôle, tandis que les banquises ou glaces flottantes montent vers l'équateur par l'action de la force centrifuge. C'est un spectacle étrange de voir, sur quelques points, se côtoyer en sens inverse les eaux du fleuve et les banquises, diminuées de densité par une raison inverse: les unes, parce qu'elles sont chaudes; et les autres, parce qu'elles sont glacées. Pour s'expliquer cette apparente anomalie, il suffit de se rappeler que le maximum de densité de l'eau est à + 4°.

Le Pacifique a p.... fl..... son grand fleuve thermal, qui, avec la même origine et la
même direction, remplit aussi le même office.

Et, ce qui est bien remarquable, l'Atlantique et le Pacifique présentent symétriquement le même fait dans les deux hémisphères

La Mer a donc un double courant qui
est en parfaite concordance avec le double
courant de l'atmosphère : l'un devant brasser la masse liquide, et l'autre, la masse gazeuse, pour que, sur aucun point, les détritus ne puissent s'accumuler dans l'eau, ni
les miasmes dans l'air.

Ajoutons, comme fonction secondaire,
que ces deux courants doivent en même
temps servir de véhicule, l'un aux poissons
émigrants, l'autre aux oiseaux voyageurs.

Il est un mouvement périodique de la
Mer, qui est régi par une toute autre loi
C'est ce soulèvement général et cet abaisse-

ment alternatif de ses eaux qu'on appelle
marée et que détermine l'attraction combi-
née de la lune et du soleil. L'oscillation
complète, c'est-à-dire l'alternative du flux
et du reflux, s'effectue deux fois par jour. La
Mer semble tour-à-tour envahir le rivage et
l'abandonner; mais, à l'heure précise, elle
s'avance de nouveau pour s'éloigner encore.
Dans le flux comme dans le reflux, les vagues supérieures roulent sur les inférieures,
qui sont retardées par le frottement. Bien
que l'oscillation ait sa limite déterminée, le
phénomène n'est pourtant pas uniforme. Il
est vrai que, par la loi des distances, l'action de la lune est ici prépondérante; mais
le soleil la modifie sans cesse, c'est-à-dire
l'augmente ou la diminue selon la position
respective des deux astres. La marée a surtout pour but de favoriser la dissolution du
sel que l'eau marine qui s'évapore cède à

l'eau fluviale qui vient la remplacer. Et, comme cette dissolution s'opère à la surface, l'agitation des eaux n'est que superficielle ; et, dans ses couches profondes, la Mer est aussi tranquille que le fond de nos lacs.

Il est enfin des mouvements convulsifs de la Mer qui semblent ne laisser après eux que des épaves et qui, en réalité, sont bien utiles. Ces sortes d'ouragans fonctionnent comme ceux des continents, et nous ne devons reprocher ni aux uns ni aux autres leur violence irrésistible, qui est la condition même de leur utilité. Toutefois, ceux qui se produisent à la surface de la Mer sont beaucoup plus intenses, parce qu'ils n'y rencontrent pas d'obstacle qui les arrête ou les disperse. Le plus redouté des marins est le cyclone ou tempête tournante. Le cyclone est un immense tourbillon d'air et d'eau qui court avec une prodigieuse vitesse, enlaçant

de ses spires furieuses une étendue de plusieurs lieues. Son double et rapide mouvement de rotation et de translation commence dans l'atmosphère, que tourmente
simultanément l'intensité du calorique, de
l'évaporation, de l'électricité. En se tordant
ainsi en spirale gigantesque, l'air saisit
les eaux de la Mer et les entraîne, non en
masse compacte, mais réduites en gouttes
qui se confondent avec la pluie et le vent.
Le cyclone, qui semble n'être qu'un formidable accident maritime, porte cependant le
caractère d'un agent naturel, car il a sa
place, son heure, sa fonction. Notez d'abord
qu'il se produit sur des points spéciaux, à
des époques précises; notez surtout le sens
harmonique de son mouvement, analogue à
celui de la terre. Le cyclone se dirige donc
de l'Ouest à l'Est dans les deux hémisphères; mais il passe, par le Sud, dans l'hé-

misphère Nord et, par le Nord, dans l'hémisphère Sud; c'est-à-dire que, d'une et
d'autre part, il traverse les régions intertropicales où son action est évidemment
plus nécessaire pour rétablir l'équilibre entre les forces souveraines de la nature.

La présence de la Mer empêche les températures extrêmes. Ce privilége tient à la
capacité thermique de l'eau, qui peut prendre beaucoup de calorique sans s'échauffer
beaucoup et en perdre beaucoup sans beaucoup se refroidir. La Mer, ayant ainsi une
température qui ne varie que dans des limites assez restreintes, fonctionne comme un
immense éventail qui envoie de l'air relativement frais aux plages chaudes et de l'air
relativement doux aux plages froides. Elle
concourt donc pour une part notable à l'é-
quilibre de la température à la surface de
la terre. La Mer se géle difficilement à

cause de l'affinité de l'eau pour le sel, et sa
congélation commence toujours à ses points
de contact avec le sol. Mais la congélation
de l'eau douce précède toujours la sienne,
phénomène harmonique, car il importe que
la cohésion arrête les fleuves avant de leur
fermer l'entrée de la Mer.

La périphérie de la Mer se modifie sans
cesse, mais lentement et à travers les siècles.
Les vagues, en effet, déplacent plus ou moins
les sables de la plage et, par la continuité
de leur action, elles usent même les plus
dures falaises. Le contour de la Mer est aussi
modifié sur quelques points ou par l'exhaus-
sement du sol ou par les atterrissements
des fleuves qui en refoulent peu à peu les
eaux. Mais ces modifications, liées aux phénomènes incessants qui travaillent le globe,
ne sont guère sensibles qu'à de longues
périodes.

Considérée sous le rapport chimique, la Mer, par les principes constituants de l'eau, surabonde en oxygène et surtout en hydrogène : en oxygène, le plus important de tous les corps ; en hydrogène, le plus calorifique de tous les combustibles. Elle tient en dissolution une prodigieuse quantité de substances minérales que les fleuves lui déversent de toutes parts et parmi lesquelles prédominent le chlore, le brôme, l'iode, le sodium, le potassium, le calcium. Elle est ainsi le grand laboratoire où s'accomplissent continuellement les combinaisons les plus nombreuses et des plus importantes. On comprend qu'elle soit plus apte que le sol et que l'air à remplir ce rôle essentiel : car l'état liquide, qui lui est propre, favorise à la fois les réactions chimiques et la dissolution des sels.

Pour le naturaliste, la Mer présente un

intérêt particulier. Ses plantes se signalent quelquefois par des proportions qui dépassent de beaucoup celles des plantes terrestres, ce qui est en harmonie avec la place considérable que la Mer occupe sur le globe. Citons seulement le durvillia, qui a plus de quatre cents mètres de développement, et ajoutons que, par une concordance harmonique, la Mer présente aussi, dans le baleinoptère, le plus volumineux des animaux. Mais les plantes marines sont peu nombreuses et surtout peu variées. On le conçoit, puisqu'elles doivent n'appartenir qu'aux espèces aquatiques et seulement à celles dont le tempérament peut s'accommoder de la privation du sol. Cette apparente défectuosité est toutefois une harmonie, car les habitants de la mer étant presque tous carnassiers, le règne végétal pouvait donc et devait être restreint.

Les fleurs y sont dépourvues d'ornement; mais, par une sorte de compensation fournie par le règne animal, des milliers de madrépores et de polypiers, avec leurs apparences florales, y forment des îles qui simulent de vastes parterres, où des milliers de coquillages, à riches reflets et voguant sur la crête des ondes, semblent papillonner comme de brillants lépidoptères.

Ces animaux inférieurs nous annoncent déjà que le règne animal est ici le plus notable des trois règnes.

En effet, par une triple harmonie bien naturelle, la population de la Mer est plus nombreuse, plus diverse, plus animée que celle des continents. Comprenons d'abord qu'elle peut être excessivement nombreuse sans encombrer la résidence de l'homme, sans gêner les cultures et sans nuire aux moissons. Comprenons, de plus, que nous

avons ici une harmonie de proportions
relatives, puisque la mer a plus de superfi-
cie que le sol. Elle a même, quant à l'habitabilité, beaucoup plus de profondeur; car
il est difficile d'admettre qu'un animal terrier puisse descendre à plus de dix mètres,
tandis qu'il est des animaux marins qui vi-
vent à des couches cent fois plus profondes.

Les Vertébrés, les Articulés, les Mollusques, les Rayonnés, c'est-à-dire les quatre
grands types du règne animal, s'y trouvent
représentés; mais avec ce caractère harmonique de dégradation, c'est qu'il y a peu de
mammifères, tandis que les zoophytes y
sont totalement compris.

Quant à la diversité des espèces, depuis
l'énorme cétacé jusqu'à l'invisible infusoire,
comment les signaler! comment spécifier
surtout les particularités remarquables d'organisation dans chacun de ces êtres! ici

c'est la baleine, que rendent si légère et
l'ampleur de son volume et la fluidité de sa
graisse; le cachalot, dont la tête lourde s'al-
lège d'une masse de cire; le narval, dont
la dent horizontale, longue de plusieurs mètres, est d'autant plus formidable qu'il est
lui-même colossal et doué d'une extrême
vitesse. Là, c'est le coffre, invulnérable dans
sa boîte pierreuse, comme le pelor, dans
son tégument épineux; c'est la torpille, ar-
mée de sa batterie électrique, comme l'es-
padon, de sa redoutable épée, ou le poulpe,
de ses inextricables ventouses; c'est le ma-
quereau, costumé de nacre et d'azur, ou l'ho-
locentre, diapré d'écarlate et de blanc avec
des liserés jaune-d'or; ou bien, c'est le ca-
ret, avec son test de riches écailles; le requin, avec ses mâchoires à dents triangulai-
res; l'ophir, avec ses os colorés d'un beau
vert; l'actinie, qui a l'aspect charmant d'une

... la côte, avec sa forme de ruban
diaphane, bordé de mille cils vibratoires qui
sont autant de rames ; la méduse, qu'on prendrait pour une petite masse aqueuse organi-
sée dans un réseau ; le corail, qui, sur une tige
calcaire, semble porter des fleurs à pétales
vivants. D'innombrables colonies d'animalcules gélatineux qui ont un même logis,
une vie commune, une existence solidaire.

Mais un point plus important appelle notre attention.

Parmi les notabilités zoologiques de la
Mer, le phoque commence une série qui,
par une transition harmoniquement graduée, se termine à la baleine. Le phoque
établissant le passage des carnivores aux
piscivores, c'est-à-dire des mammifères terrestres aux mammifères aquatiques, devait
retenir l'organisation essentielle des animaux supérieurs, mais accessoirement la...

difiée pour la vie aquatique. Ainsi, par le
crâne et par le système dentaire, il est presque au niveau du tigre, tandis qu'il se rapproche du morse par la forme et la disposition de ses membres qui, lui donnant une
natation facile, ne lui permettent guère,
sur le sol, que la reptation. Notons toutefois que, prenant ses heures de repos sur
les rochers, il prime, par conséquent, le
morse, qui ne peut jamais quitter l'eau. Mais
le morse, à son tour, prime le dauphin,
qui, nomade même dans le sommeil, ne sait
où pourra l'emporter le courant. Le morse,
au contraire, s'il ne repose pas sur le rivage, s'y met du moins à l'ancre et se ré-
veille, dès lors, où il s'est endormi. Examinez, en effet, sa mâchoire supérieure, qui
suffirait seule pour l'établir comme intermédiaire entre le phoque et le dauphin. Cette
mâchoire porte des dents analogues à celles

du phoque, c'est-à-dire parfaitement propres
à la mastication, mais elle porte aussi deux
fortes défenses qui s'abaissent et se recourbent en crochets. C'est par ce double cro-
chet que le morse se fixe aux flancs d'un
roche, en maintenant ses narines hors de
l'eau pour que la respiration s'effectue tout
naturellement. Les dents du dauphin sont
impropres à la mastication. Ses narines ne
communiquent point avec la cavité buccale.
Elles forment un seul évent par lequel l'animal chasse, sous la forme de jet, l'eau dont
il les emplit sans cesse, les fosses nasales
ayant presque cessé d'être un organe d'ol-
faction comme l'exprime harmoniquement
la petitesse du nerf olfactif. Les caractères
ichthyologiques se montrent de plus en plus,
quand on passe du dauphin au narval et
successivement du narval au cachalot et du
cachalot à la baleine, dernier terme des ani-

maux supérieurs. La dégradation vers le poisson s'est propagée sur tous les points de l'organisme : forme, volume, tégument, locomotion, système dentaire, membres et organes des sens.

La série des oiseaux marins nous présenterait la même progression dans les caractères aquatiques, depuis la frégate, qui, pour le vol, rivalise avec l'hirondelle, jusqu'au manchot, dont l'aile même est une rame couverte de plumes écailleuses. Par degrés analogues, nous passerions ensuite des thalassites aux hydrophis et des hydrophis, aux poissons. Le nombre et la diversité des poissons dépasse toute nomenclature. C'est la population qui, en apparence, anime le plus les eaux de la mer. Mais, en réalité, les mollusques et les rayonnés y prédominent, surtout ceux qui sont microscopiques. Et n'oublions pas ici, que souvent c'est aux êtres

les plus petits que sont confiées les œuvres
les plus grandes. En voyant, par exemple,
cette roche massive, ou même cette île sé-
dimentaire, comment s'imaginer qu'elles
aient pour origine, pour élément constitu-
tif, un animalcule que l'œil n'aperçoit pas,
un foraminifère. Cependant, si vous pulvé-
risez très-fin un fragment de ce calcaire,
vous constatez, sous le microscope, que chaque grain le plus menu est une coquille
géométrique, élégante, diversiforme. Le sable de tout le littoral en est parfois tellement
rempli que, dans sept grammes de ce sable,
on peut compter un million de coquilles,
restes des animalcules transparents que le
temps a détruits.

Mais ce sont surtout les infusoires qu'il
faut citer comme une des harmonies les plus
remarquables de la Mer, par leur nombre
inimaginable, par leur excessive petitesse

et par leur complète diaphanéité. Ils sont si nombreux qu'on ne peut compter ceux que contient une seule goutte d'eau. Or cette excessive multiplicité suffit pour nous avertir que bien grande aussi doit être leur importance. D'abord les infusoires contribuent à prévenir la corruption de la Mer, en faisant rentrer dans l'organisme tous les détritus d'animaux et de plantes dont elle est nécessairement le réceptacle. De plus, ils en rendent les eaux alimentaires, surtout pour une infinité de mollusques et de rayonnés qui ne peuvent se nourrir qu'en filtrant, pour ainsi dire, le liquide qui les immerge. Mais ces infusoires, si nécessaires et, par conséquent, si nombreux, ne devaient pourtant pas obstruer la circulation des animaux gélatineux qui composent une partie si notable de la population marine. Cette condition est satisfaite par l'exiguité même des

infusoires, qui ne sont pas plus encombrants
dans la Mer que ne le sont, dans l'atmosphère, les bulles de vapeur. Et comme il
fallait, même, que la transparence des eaux
ne fût pas troublée, la diaphanéité de ces
animalcules s'ajoute à leur petitesse pour
les rendre invisibles.

Au point de vue économique, la Mer présente encore une utilité qui répond à l'étendue de son domaine. Cet opulent aquarium
se peuple de lui-même et se repeuple sans
cesse pour nous fournir avec abondance,
depuis le saumon jusqu'à l'huître, un aliment sain, savoureux et varié.

Enfin la Mer est plus animée que la terre,
et le mouvement est plus facile et plus nécessaire à ses habitants. Plus facile d'abord,
puisqu'ils sont au sein d'un fluide, et puis
plus nécessaire, afin de compenser la petite
différence des densités.

Sous le rapport industriel, la Mer est à
la fois l'atelier le plus grand et le plus actif
du globe. Ses travailleurs, ouvriers opiniâ-
tres, fonctionnent sans chômage et sans
bruit; ignorés du vulgaire quoique infiniment nombreux, frêles, ils accomplissent
des œuvres qui stupéfient par leur importance. Elle a notamment de petits archi-
tectes qui construisent des masses auprès
desquelles les murs de Babylone et les Pyra-
mides d'Egypte ne sont rien. Et ces artistes,
si longtemps méconnus de la science elle-
même, non-seulement exécutent leur œuvre
au sein des vagues, mais encore l'augmen-
tent sans cesse malgré les tempêtes qui détruisent si vite nos plus solides monuments.

Nous touchons ici à la biologie des animaux marins, c'est-à-dire à l'étude de leurs
mœurs. Cette question délicate mérite bien
de nous arrêter un moment: quoique nous

devions avouer tout d'abord que, par le milieu même qu'ils habitent, ces animaux se
dérobent en grande partie aux investigations
de la science.

Zoologiquement, tout caractère aquatique
est un signe de dégradation ; d'où résulte
que les animaux marins, dans leur ensemble, sont frappés d'infériorité par rapport
aux animaux aériens et surtout aux animaux
terrestres. Mais cette infériorité relative, qui
constitue la grande harmonie de la série
animale, n'exclut point l'intérêt biologique,
et les faits accomplis, ainsi que les artifices
de l'instinct, étonnent ici d'autant plus qu'on
doit moins s'y attendre.

S'agit-il de locomotion, le mode de natation varie indéfiniment, ainsi que les conditions hydrostatiques, depuis le requin, poisson vigoureux qui se plaît à vaincre le courant des flots, jusqu'à la porcelaine, coquille
insouciante, qui semble s'abandonner à tous

leurs caprices. Mais voici peut-être ce que
vous n'avez pas prévu. Regardez cette tor-
tue dont la splendide carapace pourrait servir de nacelle. A sa natation si facile, vous
ne soupçonnez pas le singulier office qu'elle
est forcée de remplir. Elle sert de véhicule
au rémora, poisson importun qui, de sa dor-
sale dentelée, s'accroche aux anfractuosités
du plastron et se fait ainsi transporter commodément à de longues distances. Le diodon, poisson épineux et sphéroïdal, procède d'une autre façon pour effectuer sans
effort et sans danger de lointains voyages. Il
enfle d'air son appareil hydrostatique et
prend ainsi la forme d'une sphère hérissée
de piquants. L'air emprisonné lui permet
de flotter à la surface de l'eau, et les piquants le mettent à l'abri de toute attaque
et de tout choc.

S'agit-il de s'emparer d'une proie dans
une circonstance difficile, voyez ce procel-

laridé, cette frégate au vol puissant, qui d'un trait et sans fatigue, peut franchir plus de trois cents lieues. Suivez bien son étonnante manœuvre, car elle doit vivre de poisson sans entrer dans l'eau. Qu'attend-elle d'abord, en surveillant d'un œil alerte tous les points du liquide horizon? Elle guette la sortie de l'exocet. Ce petit poisson, presque ailé, s'élance dans l'atmosphère pour échapper au requin et décrit une parabole avant de rentrer au sein des eaux. Or, à peine a-t-il commencé sa trajectoire aérienne, la frégate arrive sur lui soudainement et l'engloutit. Mais ce moyen d'alimentation ne pourrait suffire à la voracité de la frégate qui, grâce à la prestesse de son aile, prélève encore la dîme sur la pêche d'un oiseau qu'on appelle le Fou. Ce palmipède est un pêcheur habile et actif qui, planant très-près de la surface des flots, s'empare du fretin à la faveur de son bec long et crochu. Dès que la frégate l'aperçoit emportant la proie pour s'en repaître à l'aise sur la grève, elle se darde sur lui comme une flèche. Le fou, pour s'esquiver, laisse tomber le poisson, qui peut-être se croit sauvé; mais la frégate le saisit, malgré la vitesse de la chute, avant qu'il ait atteint la surface de l'eau.

L'uranoscope, au contraire, est un poisson qui paisiblement pêche à la ligne. Caché dans la vase, il fait flotter au sein des eaux un long filament buccal que termine un renflement charnu, amorce perfide où se prennent les petits poissons. L'uranoscope est ainsi appelé, parce que ses yeux, par suite de l'aplatissement de la tête, ne peuvent se diriger que de bas en haut, c'est-à-dire sont tournés, en quelque sorte, vers le firmament, disposition qui paraît bizarre, mais qui est assortie au mode d'alimentation de l'animal.

S'agit-il maintenant d'un moyen de sauvegarde. Voici deux mollusques, la sèche
et le nautile, qui profitent chacun d'un artifice singulier. La sèche, quand elle se sent
menacée, se rend invisible, en répandant un
liquide noir qui communique à l'eau toute
l'opacité de l'encre. Le nautile procède tout
autrement. Au moindre danger, il plonge
soudainement par un simple changement de
densité. Une brusque contraction muscu-
laire lui suffit pour diminuer de beaucoup
son volume et, par conséquent, pour augmenter de beaucoup son poids.

Voulez-vous une scène d'un tout autre
genre. Voilà qu'une lutte s'engage entre deux
pagures, qui se disputent la possession d'un
buccin. Le pagure est un mollusque dont le
poisson est très-friand à l'époque où le tégument de ce décapode n'est pas encore solidifié. Pour se garantir, le pagure choisit à sa
mesure une de ces coquilles univalves qui flot-

tent, abandonnées, à la surface des eaux. Il y
pénètre à reculons et s'y moule, ne laissant
au dehors que les dix pattes qui lui servent
tour-à-tour d'organes de préhension, de défense et de natation. Mais, comme à chaque
mue annuelle son volume s'accroît, il est
forcé de changer de coquille et se préoccupe
d'autant plus de ce point que, dans cette période critique, il n'est couvert que d'une
peau molle. Précisément le buccin, qui est
ici en litige, réunit toutes les conditions de
forme et de capacité pour être à la fois un
gîte, un bouclier, une nacelle. Ne vous éton-
nez donc pas de l'opiniâtreté des deux pré-
tendants. Mais, plutôt, admirez l'énergie
que déploient dans leurs étreintes ces animaux presque gélatineux. On dirait que Dieu
se plaît à mettre la force où nous la sup-
posons le moins, nous qui, peut-être, n'avons
même pas remarqué qu'il nous faut un notable effort et l'aide d'un levier pour disjoin-

dre les deux valves d'une huitre, mollusque
si peu consistant. On dirait que l'habitude
de voir un phénomène nous fait perdre, en
quelque sorte, la faculté de l'admirer.

Notre analyse pourrait se complaire assurément dans beaucoup d'autres détails ; ter-
minons-la, du moins, par une considération
qui la résume dignement.

Avec son horizon sans limite et ses fleurs
sans parfum, avec sa voix grave et sa population muette, avec son soulèvement qu'elle
renouvelle sans cesse et son point d'arrêt
qu'elle ne dépasse jamais, la Mer impose toujours de sérieuses pensées, mais surtout quand
on la contemple sous le scintillement lointain
des étoiles et qu'on l'écoute dans le silence
solennel du firmament. L'âme alors, saisie
d'une profonde admiration, s'incline, silencieuse elle-même, devant le Dieu puissant
qui donne à cette Mer si belle, le jour, tant de
magnificence et, la nuit, tant de majesté.

HARMONIES DES MONTAGNES.

Loin d'être une difformité pour le globe et, pour l'homme, un inconvénient, les Montagnes sont, au contraire, éminemment décoratives et nécessaires. Dans leurs multiples fonctions, elles réalisent, en effet, cette alliance de l'utile et du beau qui caractérise toujours les grandes parties constitutives de la Planète.

Il importe d'en étudier surtout la disposition, la structure, la forme, l'altitude et la composition.

La disposition des Montagnes varie depuis la montagne complètement isolée, comme l'Etna, jusqu'à la chaîne des Andes, qui s'étend d'un bout à l'autre des deux Amériques.

Seulement, pour la spécialité respective
de leurs fonctions, les Montagnes isolées
sont très-rares, tandis que les Montagnes
liées entr'elles sur un axe commun sont, de
beaucoup, les plus nombreuses, précisément
parce qu'elles sont les plus importantes.
Comme termes intermédiaires entre ces deux
dispositions extrêmes, il est des montagnes
qui se rapprochent, mais séparées comme
les tentes d'une caravane; d'autres, sans se
toucher encore, se rangent sur une seule ou
même sur une double file, comme les Cor-
dilières voisines de Quito; d'autres se disposent en forme de cirque autour d'une montagne centrale vers laquelle se tourne leur
escarpement. Telle est cette partie des Alpes où le Mont-Blanc, avec son cortège de
montagnes secondaires, s'élève comme un
majestueux souverain, entouré de satellites
gigantesques, immobiles et muets.

Les Montagnes connexes, c'est-à-dire qui
constituent une chaîne, se tiennent par leur
base et semblent s'y confondre. Mais le col
ou point de jonction des bases, a une hauteur qui, pour chaque chaîne, est dans un
rapport différent avec la hauteur des montagnes, ce qui fait que les chaînes sont plus
ou moins découpées. Ainsi le rapport est de
$\frac{1}{2}$ dans les Pyrénées et de $\frac{1}{3}$ dans les Alpes.
Il en résulte que les Alpes sont plus
échancrées que les Pyrénées et, par conséquent, d'un aspect bien différent.

La structure des montagnes est, à son
tour, très-diverse. Tantôt elle est indéter-
minée, c'est-à-dire en petits cristaux com-
parables à ceux que présente le sucre. Le
talus en est alors assez adouci et le sommet
se termine en dôme. Tantôt la structure est
tabulaire, c'est-à-dire, divisée en couches
parallèles comme serait une masse de plan-

ches appuyées contre un mur. Alors le talus
en est saillant et le sommet se termine en
pointe, quelquefois même, en aiguille hardie
qui semble, d'un signe vers le ciel, indi-
quer à l'homme où doit tendre sa pensée.
Tantôt la structure est colonnaire, c'est-à-
dire présente des prismes à six faces, ce qui
simule un immense buffet d'orgue; car lorsque les arêtes sont émoussées par le temps,
ces prismes paraissent cylindriques. Enfin
la structure des montagnes est parfois conique. C'est la forme qu'affectent en général les volcans, et c'est au sommet que s'ouvre ordinairement le cratère.

Quelques chaînes de montagnes sont à
réverbère, à sommet anguleux, pour mieux
réfléchir vers la plaine la lumière et la chaleur. Elles appartiennent en général aux zones
glaciales, où leur fonction est, en effet, plus
utile. D'autres sont en parasol et appar-

tiennent plus particulièrement aux zones
intertropicales; elles sont destinées à garantir les plantes et les animaux contre des
rayons trop actifs, en leur ménageant des
ombres d'une grande étendue. Elles ont la
forme de plateau très-élevé, escarpé de toutes parts. Leurs vallées ressemblent à des
précipices d'une effrayante profondeur, où
le rayon solaire peut à peine descendre. Les
Montagnes à réverbère facilitent l'écoulement des neiges et réchauffent la plaine, tandis que les montagnes en parasol retiennent
les neiges et rafraîchissent l'atmosphère.

La composition des Montagnes est identique à celle de l'écorce terrestre dont elles
font partie, c'est-à-dire à celles des roches
mêmes qui la constituent. Leur forme résulte en général de leur composition. Les
couches molles ne présentent pas d'aspérités, tandis que les couches dures sont, au

14

contraire, plus ou moins hérissées. Les roches granitiques sont les plus anciennes,
les plus consistantes et les plus répandues.
Elles servent de support à toutes les autres.
Elles se sont consolidées par voie de refroi-
dissement, car elles sont d'origine ignée.
Les roches sédimentaires se sont formées
par voie de dépôt, car elles sont d'origine
aqueuse. Entre ces roches primitives et ces
roches superficielles, sont les roches formées d'un mélange variable des unes et des
autres, mélange produit violemment par les
cataclysmes qu'a subis la croûte terrestre.

A première vue, on croirait que les Montagnes sont jetées au hasard, disséminées
sans règle, sans unité de plan ; mais, en
réalité, les accidents orographiques sont
soumis à une loi qui se traduit manifestement par le réseau pentagonal que les Montagnes tracent à la surface de la terre. La

science est parvenue même à figurer les
douze pentagones qui constituent ce réseau
géométrique. Elle a constaté que l'ensemble
du globe a fonctionné comme un instrument
de précision, quoique les détails, considé-
rés isolément, paraissent bizarres et sans
mutuel rapport. Toutefois, il eût été ration-
nel de présupposer que la distribution des
montagnes devait être subordonnée à quelque loi, puisqu'elle régit elle-même l'admirable distribution des cours d'eau.

Ajoutons que le caractère orographique
des différentes parties de la terre répond,
pour chacune d'elles, à leur respective destination. Et d'abord, l'Asie élève à son centre un vaste plateau quadrilatéral qui est la
cime de la planète et d'où partent quatre
ramifications dirigées : l'une vers l'Afrique,
l'autre vers l'Europe, la troisième vers l'Amérique, et la quatrième vers l'Océanie. On

dirait que cette partie de la terre ouvre vers
tous les points cardinaux deux grands bras,
pour inviter ses quatre sœurs à venir s'y
pourvoir de la multiplicité de ses produits.
Cette multiplicité résulte de ce que, s'éten-
dant sur les trois zones de l'hémisphère Nord,
l'Asie présente toutes les variétés de climats,
depuis les climats les plus chauds jusqu'aux
climats les plus froids. Mieux que toute
autre partie de la terre, elle devait être le
berceau de l'humanité, le point de départ
de toute civilisation, comme elle est la patrie naturelle des plantes les plus nécessaires et des animaux les plus utiles.

Mais remarquons ici un trait bien signi-
ficatif. Tandis que l'Asie n'a que des atta-
ches sous-marines avec l'Amérique et l'O-
céanie et qu'elle ne touche à l'Afrique que
par un isthme très-étroit, elle se soude, au
contraire, très-largement à l'Europe par

deux chaînes de montagnes, l'Oural et le Caucase, la signalant ainsi comme son héritière directe chargée de répandre et de perfectionner tous ses dons.

L'Europe présente, en effet, un système de montagnes qui, à partir des Alpes, rayonnent pour ainsi dire de tous côtés. Ces montagnes, étant de moyenne hauteur, laissent à la circulation une suffisante facilité et ménagent des nuances de climat très-délicates et presque toujours tempérées ; car l'Europe doit à ses petites proportions le privilége d'être contenue presque complètement dans la zone la plus agréable de la terre. Elle est en même temps divisée en bassins de mer qui sont relativement très-nombreux, et qui rendent très-faciles ses communications extérieures.

L'Afrique, au contraire, est une terre compacte qui ne se laisse pénétrer par aucune

mer. De plus, elle dresse à chacun de ses
points cardinaux un massif très-élevé et peu
distant de la mer. Elle relie ces massifs par
de hautes Montagnes qui semblent des bar-
rières infranchissables, isolant les deux
grands déserts de l'intérieur. Ces déserts sont
surtout destinés par leurs sables ardents à
chauffer l'air qui repose sur eux; ils sont le
séjour réservé d'animaux divers qui, par
leur grande taille ou par leur extrême vitesse, exigent pour leur bien-être beaucoup
d'espace, loin de l'homme et sur un sol
dépouillé.

L'Amérique est parcourue du Nord au
Sud par une chaîne de montagnes très-éle-
vées, qui serre toujours d'assez près les côtes
du grand Océan, tandis qu'elle reste à
grande distance des côtes de l'Océan Atlantique. Ce partage inégal semble peut-être
étrange, mais il est parfaitement calculé

pour que l'Amérique déverse presque tous ses fleuves dans l'Océan Atlantique, comme l'Asie déverse presque tous les siens dans le grand Océan.

Enfin les Montagnes de l'Océanie participent nécessairement à son état parcellaire. Mais, malgré les envahissements de l'Océan qui éparpille en îles innombrables cette partie du globe, elles marquent les limites naturelles des bassins cachés sous les eaux. Elles justifient ainsi, pour le géographe, des anomalies qui ne sont qu'apparentes, telles que la différence notable des produits dans des îles assez voisines, ou bien, au contraire, la similarité complète des plantes et des animaux dans des îles très-distancées.

Les Montagnes servent en général de point d'appui à ces hautes terres qu'on appelle plateaux, parce qu'elles ne présentent qu'un relief d'ensemble, qu'un massif sans

éminences bien distinctes les unes des autres. Ces plateaux sont distribués dans un
certain ordre et principalement affectés aux
climats les plus chauds. Partout leur altitude s'accroît avec leur proximité de la zone
torride. Leur principale fonction est de faire
intervenir une température froide au milieu
des régions les plus ardentes, et d'entremê-
ler ainsi, dans une surface assez restreinte,
une notable variété de climats.

Le plateau central de l'Asie, le plus haut
de la terre, s'appuie au Sud sur l'Himalaya,
qui en est la chaîne la plus élevée. Ce plateau a une influence de premier ordre sur
l'économie générale de la planète.

On s'exagère beaucoup la hauteur des
Montagnes, parce qu'on l'évalue à sa propre mesure. Au vrai, l'altitude en est si
minime relativement au rayon terrestre, que
la planète est plus unie qu'un œuf d'oiseau,
et pour deux raisons.

D'abord, par rapport aux volumes respectifs du globe et de l'œuf, les plus hautes montagnes sont moitié moins saillantes que les aspérités de l'œuf; et puis, les Montagnes n'occupent que le ⅙ de la terre, tandis que les aspérités de l'œuf en couvrent toute la surface. Mais ce qui doit ici nous étonner, c'est que ces plis de terrain suffisent pour produire notamment trois effets considérables: ils donnent naissance aux cours d'eau, varient la perspective et modifient l'exposition. Considérons un moment chacun de ces points.

Les fleuves dérivent de la fonte des neiges que les Montagnes accumulent à leur sommet, en y solidifiant par le froid les vapeurs atmosphériques; et elles sont d'autant plus réfrigérentes qu'elles sont plus élevées. Ces fleuves vont à la mer pour en maintenir le niveau, c'est-à-dire pour réparer les

pertes que lui fait éprouver sans cesse l'évaporation ; et, comme l'intensité de l'évaporation résulte de l'intensité même des rayons
solaires, les fleuves, par harmonie, doivent
être plus nombreux ou du moins plus rapi-
des dans les zones intertropicales. Or, l'abondance des neiges qui les alimentent et le plan
incliné qui détermine leur vitesse, dépen-
dent, les deux, de l'altitude des Montagnes.
Il est donc naturel que les hautes Montagnes appartiennent aux climats les plus
chauds. Dans les zones tempérées, tout se
modère harmoniquement : l'ardeur du soleil, l'intensité de l'évaporation, la hauteur
des Montagnes, le dépôt des neiges, la pente
des versants, l'abondance et la vitesse des
fleuves. Enfin dans les zones glaciales le
rayon solaire est affaibli, l'évaporation est
restreinte, la fonte des neiges est lente, les
reliefs du sol sont atténués, les fleuves sont
engourdis.

Et voyez comme tout ici se coordonne et
s'enchaîne, pour répondre à une autre condition qui intéresse la forme même de la
terre. En effet, l'abaissement progressif des
Montagnes, de l'équateur au pôle, accompa-
gne, en quelque sorte, la diminution graduée du rayon terrestre, et concourt ainsi à
produire l'aplatissement des pôles, qui est
une des plus grandes harmonies du globe.

Cependant, pour écarter toute apparence
d'uniformité, chaque fleuve a son allure
particulière. Deux fleuves partant de la
même Montagne ont une vitesse différente,
si la distance de leur source à la mer n'est
pas la même; et cette distance fût-elle égale,
les sinuosités décrites par chacun d'eux ne
sont jamais similaires. Ces sinuosités, qui
donnent aux fleuves tant de grâce, modèrent
leurs mouvements, car elles diminuent la
pente en allongeant la ligne de parcours.

Quoiqu'il en soit, dans cet utile et beau phénomène de la circulation des eaux à la surface de la terre, l'agent principal est le soleil. C'est lui qui mesure effectivement sous chaque latitude et qui balance, pour compenser l'une par l'autre, l'évaporation de l'eau à la surface de la mer et la fusion des neiges au sommet des Montagnes. Mais, si les Montagnes étaient supprimées, l'air tournerait autour de la terre d'un mouvement uniforme, ne déposerait nulle part la vapeur d'eau, et celle qu'il laisserait tomber à l'état de pluie stationnerait partout en marécages putrides. Remarquons, en effet, que, par l'action du froid, les Montagnes condensent à la fois, mais à des degrés bien différents, l'air et l'eau qui descendent le long de leurs flancs, l'eau prenant l'état liquide pour mieux obéir à la pesanteur, et l'air conservant l'état gazeux pour maintenir son invisibilité.

Ainsi, à quelque point de vue qu'on se place, les hautes Montagnes sont bienfaisantes vers l'équateur, en faisant descendre dans la plaine l'air qu'elles ont refroidi; les Montagnes basses, à leur tour, sont favorables vers les pôles, en permettant au soleil de porter plus loin ses rayons.

Plaçons ici une remarque essentielle.

Les deux versants d'une chaîne de Montagnes ont évidemment deux expositions contraires, puisqu'elles se présentent différemment aux rayons du soleil. Cette différence d'exposition assigne à chacun d'eux une température différente, d'où résulte que, sous une même latitude, le climat varie indéfiniment. Les deux expositions Nord et Sud sont celles qui présentent entr'elles la différence la plus accentuée, c'est-à-dire deux climats les plus contraires. On comprend que les expositions Est et

Ouest soient moins différentes l'une de l'autre
et que les expositions intermédiaires, d'ailleurs si nombreuses, donnent aussi des températures moyennes qui sont indéfiniment
variées. L'observation ne peut saisir souvent
cette différence que par l'étude des plantes,
plus sensibles que nous aux influences cli-
matériques. C'est ainsi que, sur la même
Montagne, le hêtre, avec son feuillage vert,
et le sapin, avec son feuillage sombre, occupent chacun le versant qui répond à leur
propriété thermique. Le hêtre, tourné vers
le soleil, reçoit, il est vrai, des rayons plus
efficaces ; mais le sapin, à son tour, s'approprie beaucoup mieux le calorique.

Un des points qui distingue le plus fon-
damentalement les chaînes de Montagnes,
c'est la direction imprimée à chacune d'elles par le phénomène même qui détermina
leur formation. Des concordances et des

oppositions, également remarquables, se manifestent sous ce rapport entre des chaînes éloignées ou voisines. On dirait que dans l'histoire de la terre, c'est-à-dire pour le géologue, les Montagnes sont comme les pages gravées en majuscules par la main du temps à la surface de la planète.

Les Montagnes sont à la fois de solides paravents et d'excellents paratonnerres; elles opposent à la tempête un invincible obstacle, tandis qu'elles présentent une voie plus courte à l'électricité.

Toutes ces variétés d'origine, de disposition, de structure, de composition, de forme, de direction, de hauteur, sont autant d'harmonies réelles, car elles répondent à cette exigence de notre esprit qui soupçonnerait l'impuissance où régnerait d'une manière trop absolue l'uniformité.

Un mot maintenant sur la variété de la perspective.

Les Montagnes sont, pour ainsi dire, la charpente des continents et des îles. Elles en déterminent la forme générale et en séparent, les uns des autres, les divers compartiments. C'est ainsi qu'elles distinguent et varient les horizons et s'offrent en même temps comme un observatoire qui étend de toutes parts la limite de visibilité.

Nous voici donc au rôle ornemental des Montagnes, qui ne le cède guère à leur rôle utile. En effet, elles présentent partout des harmonies de rapport ou des harmonies de contrastes : ici, c'est une Montagne aride dont le sommet qui touche aux nues surplombe des abîmes; ou bien, c'est une élégante colline qui, de sa fraîche verdure, encadre la prairie ou festonne les guérets. là, c'est un massif prodigieux se tenant impassible en regard de la mer qui, exaspérée par le vent s'agite et frémit. Ou bien,

c'est un formidable volcan qui pare d'une
gerbe d'étincelles son front couvert d'un
éternel glacier; plus loin, c'est une chaîne
boisée qui laisse flotter au vent sa riche chevelure; ou bien, c'est une chaîne granitique
dont l'aspect austère semble rendre plus
gracieux le sourire de la vallée.

Ajoutons que la couleur des Montagnes
varie selon leur vestiture. Quand elles sont
nues, leur aspect est sombre; quand elles
sont couvertes de pâturages ou de forêts,
leur teinte est plus ou moins verdoyante;
et, quand la neige les revêt d'une tunique
blanche, elles ont un éclat resplendissant.
Mais, malgré leur immobilité, les Montagnes changent d'aspect comme la mer, au
moindre accident atmosphérique. Tantôt
leur profil se détache nettement du fond
transparent et bleu de l'air; ou bien,
estompé par des brumes, il s'efface et se

15

perd dans le fond grisâtre de l'espace;
tantôt des vapeurs faiblement condensées
flottent à leurs flancs comme d'élégantes
écharpes; ou bien, des nuages orageux
s'accumulent et grondent à leur sommet.

Remarquons surtout que les Montagnes
ont, chaque jour, le premier et le dernier
rayon du soleil. Ce merveilleux ornemen-
tiste y marque sa venue et son départ,
c'est-à-dire l'aurore et le crépuscule, par
des jeux de lumière que ne peuvent traduire
ni la plume ni le pinceau. Il profite des
vapeurs légères qui les surmontent pour y
développer tour-à-tour toutes les couleurs
primitives; et, dans les broderies qu'il met
au moindre nuage, il associe les teintes les
plus harmoniquement contrastées : le rose
tendre et le vert naissant, le bleu céleste et
le vif orangé, le lilas timide et le jaune
éclatant.

Les Montagnes sont, en général, richement métallifères; elles compensent ainsi
par des trésors souterrains ce qui peut leur
manquer dans les deux règnes organiques.
Le volcan lui-même, en nous donnant le
soufre, justifierait déjà son importance.
Mais, de plus et surtout, il est comme une
soupape de sûreté, livrant passage aux laves
incandescentes que l'écorce terrestre ne
peut plus contenir, et c'est ainsi qu'il
apaise ces menaçantes convulsions du
globe, qu'on appelle tremblements de terre.

Les plantes qui sont plus spécialement
propres aux Montagnes, doivent être
d'autant plus variées que la température
s'y modifie elle-même, non-seulement de
l'un à l'autre versant, mais encore aux
étages différents de chacun d'eux. La chaleur, en effet, diminue par degrés de la base
au sommet, comme elle s'affaiblit graduel-

lement de l'équateur au pôle. Remarquons
surtout le caractère harmonique de ces
plantes, qui sont principalement médicina-
les. Pouvant se suffire à elles-mêmes, elles
laissent ainsi la plaine aux plantes alimentaires, qui demandent toujours plus ou
moins de culture. Les Montagnes sont
donc comme une sorte de pharmacie naturelle où se distribuent, à des hauteurs spécia-
les, les plantes thérapeutiques, tandis que se
recueillent à leur pied les eaux minérales.

La diversité des animaux correspond à
celle des plantes. Chaque espèce porte le
caractère conforme à son habitacle. Elles
sont, en général, destinées à la vie sauvage
et n'attendent de l'homme aucun soin. Mais
que d'harmonies secondaires dans ces habitants des Montagnes, depuis l'ours muscu-
leux qui, d'un pas sûr et lent, grimpe à leur
talus, jusqu'au musc élastique qui franchit

les ravins aux pics les plus escarpés ! Et
puis, que de particularités assorties dans la
marmotte d'Europe et le chinchilla d'Amérique, dans l'isard des Pyrénées et le chamois des Alpes, comme aussi dans la vigo-
gne des Andes, dans la chèvre du Thibet,
dans l'yack de l'Himalaya !

Les Montagnes ont enfin des scènes ani-
mées qui sont pour le touriste un des attraits
du voyage. Ici, c'est le chamois, franchis-
sant, d'un trait, la cascade qui décrit avec
fracas sa gracieuse parabole. Là, c'est la
truite saumonée, qui tour-à-tour se replie
et se détend comme un ressort pour bon-
dir, en sens inverse du torrent, jusqu'au
lac de la Montagne. Plus loin, remarquez
l'artifice de cet aigle pour s'emparer d'une
proie qu'il ne peut réduire de vive force.
Guettant de haut le moment où le jeune
daim, penché sur le bord d'un abîme, doit

perdre l'équilibre par le moindre choc, voyez
l'oiseau rapace reployant brusquement ses
ailes, s'abattre sur lui et, d'un coup inat-
tendu, le précipiter tout meurtri au fond
du ravin, où il l'achève et le dépèce à loisir.

Voulez-vous une scène plus singulière,
voyez ces marmottes qui, dans nos cités,
vous paraissent indolentes et obtuses; voyez-
les se préparant à leur hibernation. Afin de
se ménager une chaude litière, elles coupent
le foin aux flancs de la Montagne et le font
sécher au soleil pour en prévenir la fermen-
tation. Puis, chacune d'elles s'en fait une
enveloppe et se roule ainsi au fond du
terrier, où toutes se pressent à côté les unes
des autres pour se conserver mutuellement
une suffisante chaleur. Mais voici que les
nuages s'amoncellent et que la pluie menace
de défaire tout le résultat de l'insolation.
Aussitôt les dispositions sont prises pour

accélérer la rentrée de la fenaison. Les
marmottes se distribuent deux à deux : l'une
doit être le traîneau et l'autre la force mo-
trice. Celle qui doit servir de véhicule se
met sur le dos, et dressant ses pattes pour
recevoir son chargement, elle les abaisse
ensuite pour le maintenir. Enfin elle s'attelle à l'autre en lui saisissant la queue
entre ses dents. Or, remarquez que, pour
les deux associées, l'opération s'effectue
sans douleur, parce que l'une modère le
mouvement pour ménager le dos de sa
compagne, qui, à son tour, ne lui mord que
doucement la queue.

Cette manœuvre assez complexe est peu
connue, parce que la marmotte se dérobe
à l'observation, ne se laissant surprendre
que difficilement; car elle ne prend ses
ébats qu'après avoir placé, vers tous les
points, des sentinelles vigilantes qui jettent
le cri d'alarme au moindre bruit.

Mais il est un spectacle plus facile à contempler, c'est celui des oiseaux voyageurs qui traversent sans boussole l'immense désert de l'atmosphère. Comment ne pas admirer le merveilleux instinct qui détermine leur départ, qui dirige leur vol et qui règle leurs stations !

Les Montagnes ont une influence morale qui s'impose toujours à l'esprit même le plus frivole. A mesure qu'on gravit leur cime, la perspective s'enrichit d'abord et s'étend, et l'ouïe est satisfaite aussi bien que la vue, car on entend encore les artistes ailés qui chantent dans le bocage, et l'on distingue aussi le ruisseau qui, par sa surface miroitante, semble nieller d'argent le velours de la prairie. Bientôt, par l'effet de la distance, les formes s'effacent et les sons s'affaiblissent; ne rencontrant plus d'obstacle, le vent lui-même se tait, et l'on se

croirait dans le vide absolu, si l'âpreté de la
bise n'attestait la présence de l'atmosphère.
Enfin, à une certaine altitude, tout dans la
plaine se confond et se perd dans le vague
et dans le silence. Mais, à cet horizon caché sous ses propres vapeurs, succède un
tout autre horizon, magnifique, imposant,
qui n'a pour dôme que l'espace. Et, si l'on
s'élève encore, le soleil paraît de plus en
plus radieux, l'air devient de plus en plus
transparent, et les vapeurs, solidifiées par
le froid, se déposent partout en nappe
blanche qui scintille de mille reflets.

A ces hauteurs qui semblent nous rap-
procher de Dieu, chacun se sent d'abord
humilié de sa petitesse en face de l'immensité, mais se relève bientôt dans la dignité
de son intelligence, qui l'invite à contempler.
Ses impressions se spiritualisent peu à peu,
et par une singulière harmonie, elles s'épu-

rent comme se purifient, tout autour, l'air
et l'eau. En effet, à mesure qu'on s'élève
au-dessus de la demeure des hommes, l'âme
y laisse, pour ainsi dire, tous les bas sentiments; il semble que tout prenne alors,
pour elle, un caractère emblématique et
lui porte un noble enseignement.

Ce soleil, flambeau du monde physique,
que les vapeurs de la terre peuvent bien
voiler à nos yeux, mais sans jamais ternir en
lui son éclat, est bien l'image de la vérité,
flambeau du monde moral, qui conserve
son entière splendeur malgré les ténèbres
que les passions interposent pour l'obs-
curcir; et comme, sous le rayon solaire, la
neige, par ses milliers de cristaux, renvoie
toutes les couleurs; de même, sous le
rayon divin, le cœur pur, diamant à mille
facettes, réfléchit toutes les vertus.

HARMONIES DE LA FEUILLE.

———

C'est par la feuille, essentiellement, que la plante respire. Cet organe réalise, en effet, les conditions les mieux assorties à son importante fonction, et réunit pour nous, dans une harmonique mesure, et l'utile et le beau.

D'abord, pour présenter à l'air plus de surface, la feuille s'y étale en lame mince et, pour s'en pénétrer aisément, elle forme son parenchyme d'un tissu plus ou moins spongieux. Ce parenchyme est soutenu par un réseau de nervures qui constituent, pour ainsi dire, le squelette de la feuille et dérivent symétriquement du pétiole qui la fixe au rameau.

Merveilleuses déjà par leur disposition géométrique, soit parallèle, soit ramifiée, ces nervures le sont aussi par l'harmonie singulière de leur structure : en creux, à la face supérieure de la feuille ; en relief, à la face inférieure. Il est facile de comprendre à quel office spécial correspond cette double particularité. Les deux faces de la feuille diffèrent beaucoup l'une de l'autre. Celle qui regarde le ciel est lisse et doit l'être, ne fût-ce que pour faciliter l'écoulement de l'eau, quand la pluie devient surabondante ; et c'est pour concourir à cette fin que les nervures se creusent en gouttières. La face qui regarde le sol est rugueuse et doit l'être, ne fût-ce que pour permettre à la chenille de s'y tenir accrochée en sens inverse de la pesanteur, et c'est pour s'associer à cet effet que les nervures s'érigent en saillies.

Toutefois hâtons-nous de dire que les deux faces de la feuille diffèrent, surtout, pour répondre aux conditions normales de la respiration.

Dans la plante, ainsi que dans l'animal, la respiration s'effectue mécaniquement, par deux actes successifs, qu'en botanique on appelle l'absorption et l'exhalation. Ces deux actes ont pour but : l'un, d'introduire dans le parenchyme les éléments gazeux qui doivent modifier utilement la sève ascendante ; l'autre, d'expulser, comme nuisible, le résidu de cette réaction. Or, c'est par sa face inférieure que la plante absorbe, tandis qu'elle exhale par sa face supérieure. Elle doit donc tourner sa partie spongieuse vers le sol, d'où émanent surtout les substances destinées à l'absorption ; et elle doit tourner sa partie lustrée vers le soleil, qui, par sa chaleur, déter-

mine et régit l'exhalation. Elle doit dès lors
se tenir plus ou moins horizontalement.
Remarquons aussi que les deux faces de la
feuille ont une contexture appropriée à leur
rôle respectif : l'une, par son tissu plus
spongieux, facilite l'absorption ; l'autre,
par son tissu plus serré, retarde l'exhalation. Et l'exhalation doit être ainsi modé-
rée, surtout dans la chaude saison, afin
que le phénomène chimique ait le temps de
s'accomplir et que la feuille ne soit pas
trop vite desséchée. Vous voyez, de plus, que
ni la poussière ni la pluie ne peuvent sta-
tionner longtemps sur la feuille ; car, la
face supérieure étant lisse, dense et lustrée,
le moindre zéphir qui passe la brosse tour-
à-tour et l'essuie.

Dans la plante aquatique, la feuille peut
être flottante, ou peut être submergée. En
ces deux cas, elle se modifie d'une manière

harmonique. Quand la feuille est flottante,
les stomates passent à sa face supérieure
qui, seule, est en rapport direct avec l'air,
puisque la face inférieure doit s'appuyer
sur l'eau. La respiration s'en trouve un peu
restreinte, ce qui est conforme à la loi parfaitement correspondante dans les deux règnes organiques; c'est que dans l'organisme
aquatique la respiration s'atténue chez la
plante comme chez l'animal. Quand la
feuille est submergée, les stomates dispa-
raissent, ainsi que l'épiderme; le parenchyme devient plus serré, pour n'être pas
trop perméable à l'eau. Et puis, voyez encore quelle harmonie dans les moindres détails. Comment la feuille se soutiendra-t-
elle dans l'eau? Si elle est très-mince, la
poussée du liquide peut lui suffire pour
compenser son poids spécifique. Mais, si la
feuille a une certaine épaisseur, elle se rend

légère en remplissant d'air les lacunes isolées que présente son limbe; elle se ménage
ainsi un appareil hydrostatique qui ressem-
ble un peu à celui du poisson. Toutefois,
l'ordre sérial des êtres organisés exige que
l'animal soit encore ici supérieur à la
plante. En effet, l'animal qui doit se mouvoir dans l'eau, qui doit pouvoir monter et
descendre tour-à-tour dans le sein du liquide, est maître de son appareil; il le
remplit ou le vide, selon qu'il veut devenir
plus léger ou plus lourd. Tandis que la
plante, qui n'est pas motile, n'a pas cette
faculté. Mais n'est-il pas déjà merveilleux
que la plante puisse dégager ainsi de l'eau
l'air qui s'y trouve en dissolution?

Enfin, si la plante est faible, que va faire
la feuille pour lui ménager un support?
La feuille fait le sacrifice de son limbe pour
ne bien développer que sa nervure moyenne

qui, devenant un organe de préhension, s'enroule fortement au corps qui doit servir de tuteur.

L'horizontalité de la feuille présente d'autres harmonies essentielles au bien-être de la plante. Ainsi le chêne, ce colosse de nos forêts, ne pourrait cependant soutenir la masse de ses feuilles et de ses glands, si les feuilles, en s'appuyant sur l'air, ne déchargeaient pas, d'une partie notable de ce poids, les rameaux sur lesquels elles sont méthodiquement distribuées. Les feuilles présentent ainsi par leur ensemble une prodigieuse surface ; et, dès lors, l'air sousjacent qui résiste à leur chute, doit diminuer d'autant l'action de la pesanteur.

Ajoutons que la feuille, par sa tenue horizontale, laisse au vent moins de prise, puisqu'elle ne se présente à lui que par son tranchant. De plus, cette disposition lui permet de couvrir une plus grande partie du sol, et c'est ainsi que l'immense feuillage de nos bois abrite, de la chaleur et de la pluie, une foule d'animaux divers et des plantes nombreuses. Il n'est même pas de foliole qui ne serve de parapluie et d'ombrelle à des milliers d'animalcules.

Mais ne craignez pas de rencontrer ici l'uniformité. La tenue de la feuille est horizontale à degrés différents. De plus, elle se modifie notablement dans quelques plantes; ainsi la feuille se dresse dans le houx, pour protéger la fleur; elle s'abaisse dans le fuschia pour l'accompagner, et, dans le marronnier, pour la mieux laisser voir; comme elle s'incline dans le pêcher, pour en mieux montrer le beau fruit.

La feuille naît de la tige ou du rameau par un faisceau de fibres qui doivent former les nervures du limbe. Les nervures

sont parallèles dans les monocotylédones,
notamment dans les graminées, famille la
plus importante de toutes ; car, depuis
l'herbe de nos prairies jusqu'au froment de
nos guérèts, depuis le maïs jusqu'à la
canne à sucre, elle fournit à l'animal et à
l'homme lui-même les plantes essentiellement alimentaires. Dans les dicotylédones,
au contraire, les nervures sont plus ou
moins ramifiées. Cette constitution différente de la feuille correspond à la constitution différente de la tige dans ces deux
grandes classes du règne végétal.

Dans plusieurs plantes, la feuille se développe immédiatement de la tige ; dans plusieurs autres, elle forme d'abord autour
d'elle une sorte de gaîne avant d'épanouir
son limbe ; dans un plus grand nombre, elle
se dégage de l'axe par un pétiole plus ou
moins long. Selon qu'elle est sessile, en-

gaînante ou pétiolée, la feuille donne à la
plante un aspect d'autant plus différent
qu'elle y ajoute encore l'extrême diversité
de son insertion, de sa forme, de sa couleur, de ses dimensions.

L'insertion de la feuille se fait toujours
autour de la tige ou du rameau, sur une
courbe qui se ferme en circonférence de
cercle, ou bien qui se déroule en spirale.
Tantôt les feuilles se groupent circulairement
autour de l'axe qui les porte ; tantôt elles
s'en détachent deux à deux, étagées à la
même hauteur et formant un angle droit
avec le couple qui est au-dessus comme
avec le couple qui est au-dessous ; tantôt,
enfin, chaque feuille se place à une hauteur différente. Mais, que les feuilles soient
verticillées, qu'elles soient opposées, ou
qu'elles soient alternes, leur distance est
symétriquement calculée et, alors même

qu'elles sont isolées, une à une, sur la tige
ou sur le rameau, elles y décrivent une
spirale parfaitement géométrique. Les feuilles alternes, qui semblent éparses, sans
ordre sur leur axe, y sont, au contraire,
échelonnées en spirale, de telle sorte qu'en
partant d'une feuille quelconque, on arrive,
après un ou plusieurs tours de spire, à une
autre feuille qui se trouve placée directement
au-dessus de la première. Il en résulte que,
si l'axe pouvait céder comme un ressort, à
une pression verticale, et si l'on faisait ainsi
descendre toutes les feuilles de la spirale sur
un même plan, au niveau de celle qui a
servi de point de départ, elles formeraient
par leur ensemble un verticille. Il est facile
de s'imaginer aussi que, par une traction
en sens inverse, on pourrait développer en
spirale le verticille. Du reste, le passage de
la feuille groupée à la feuille isolée est tel-

lement naturel que parfois la même plante présente simultanément des feuilles alternes, des feuilles opposées et des feuilles verticillées.

Appendice initial de la tige, la feuille est formée des mêmes vaisseaux, des mêmes fibres, du même parenchyme. Seulement, le faisceau, qui est vertical dans la tige, devient plus ou moins horizontal dans la feuille; et cette différence des deux directions est doublement harmonique, puisque la feuille doit s'étendre, tandis que la tige doit s'élever.

Dans sa forme, la feuille est simple ou composée. Le passage de l'une à l'autre se fait par des transitions parfaitement graduées. Les feuilles composées le sont elles-mêmes plus ou moins, depuis la feuille digitée du lupin jusqu'à la feuille pennée du robinia. La vrille elle-même, depuis l'orobe jusqu'à la vigne, en passant par le pois, le smilax, le melon, présente de notables variétés. Les feuilles ne sont jamais composées dans le type des monocotylédones; et, dans le type des dicotylédones, il n'y a que les polypétales qui aient les feuilles composées.

En général, la feuille est plane. Mais elle est cylindrique, dans le sedum; orbiculaire, dans la petite mauve; ovale, dans le poirier, elliptique, dans le maupertuis; anguleuse, dans le chénopode; lancéolée, dans le troène. La feuille a la forme de spatule, dans la paquerette; de glaive, dans l'iris; d'aiguille, dans le genévrier; de fil, dans l'asperge; d'angle aigu, dans le laurier-rose; de pointe, dans la pariétaire; de cœur, dans le tilleul; de flèche, dans le liseron des champs; de hallebarde, dans la petite-oseille; de bouclier, dans la capucine.

La découpure de la feuille présente tous
les degrés intermédiaires entre la feuille
entière du laurier-rose et la feuille digitée
du marronnier. Ainsi, elle est dentée, dans
le châtaignier; incisée, dans l'aubépine;
sinuée, dans le chêne; lobée, dans l'éra-
ble; lyrée, dans le navet. Ajoutons que souvent la même plante présente des feuilles
diversement découpées.

Quoiqu'il en soit, nous épuiserions le
vocabulaire de la science sans parvenir à
dénommer toutes les diversités de la feuille.
A plus forte raison ne pourrions-nous pas
signaler à quelle condition répond chacune
de ces particularités. Cependant tout ce qui
existe dans la nature a sa raison d'être, et
même le moindre détail a souvent une grande
importance. Voyez les épines du buisson.
Pour l'homme des champs, elles n'ont d'autre utilité que de former des clôtures éco-

nomiques et durables. Mais, pour le naturaliste, ces épines transforment le buisson
en forteresse inaccessible, en refuge assuré,
pour le petit oiseau que menace le faucon.
De plus, elles servent de garde-manger, par
exemple, à la prévoyante fauvette, qui, dans
un jour d'abondance, y embroche les che-
nilles qu'elle met en réserve ainsi pour les
repas du lendemain. Que de charmants détails on trouverait dans l'étude de la nature,
si l'on se plaçait plus souvent à ce point
de vue des harmonies qui relient entre elles
toutes les œuvres de la création !

Considérée dans sa surface, la feuille est
lisse, dans l'oranger; raboteuse, dans le
carex; dépourvue de duvet, dans la tulipe;
soyeuse, dans la potentille argentine; du-
vetée, dans le fraisier; velue, dans le myosotis des champs; hérissée, dans la coque-
lourde des blés; cotonneuse, dans le co-

gnassier; laineuse, dans le bleuet; veloutée,
dans la digitale; couverte comme d'une
toile d'araignée, dans le chardon. Elle est
rugueuse, dans la sauge; boursouflée, dans
le chou; frisée, dans la mauve crépue;
ondulée, dans la tulipe; ciliée, dans le dro-
séra; épineuse, dans le houx.

Si la feuille dérive de la tige, c'est de la
feuille ensuite que dérivent les diverses parties de la fleur. La science a reconnu
que les enveloppes florales, et même les
organes floraux, sont de simples modifications de la feuille, qui se transforme ainsi
pour s'approprier à d'autres fonctions.
La bractée, par exemple, est une feuille
modifiée pour protéger la fleur; c'est la
transition entre les organes de la végétation
et les organes de la reproduction. La bractée, marquant le passage de la feuille au
sépale, en a la consistance, la couleur et

la fonction. Le passage du sépale au pétale
est manifestement établi dans le lis, dont
le calice et la corolle sont tellement similaires, que ces deux verticilles se distinguent
seulement par leur position respective. La
transformation du pétale en étamine peut
être observée, en sa gradation délicate, dans
le nénuphar.

Ainsi la feuille se change en bractée, la
bractée en sépale, le sépale en pétale, le
pétale en étamine, l'étamine en pistil, le
pistil en feuille; circuit remarquable qui,
parti de la feuille, y revient par de succes-
sives métamorphoses. Et remarquez cette
autre particularité, c'est que la feuille elle-
même est en miniature l'ensemble de tous
les organes de la végétation. Ainsi la moindre foliole d'un chêne en est l'image réduite,
mais complète : par le faisceau naissant de
ses fibres, elle en représente les racines;

par sa nervure médiane, la tige; par ses
nervures latérales, les rameaux.

En général la feuille est verte, mais avec
des nuances indéfinies, depuis le vert tendre du hêtre jusqu'au vert sombre de l'if.
Cette couleur répond à la fois au bien-être
de la plante et à notre bien-être. La plante
ne pouvant se mettre à l'ombre, quand elle
est au soleil, ni se mettre au soleil, quand
elle est à l'ombre, doit avoir une couleur
qui ne s'échauffe pas trop aux ardeurs du
jour et qui ne se refroidisse pas trop au
rayonnement de la nuit. Or le vert est la
couleur qui, sous le rapport thermique,
tient le milieu entre le noir et le blanc,
c'est-à-dire que le vert s'échauffe moyennement au soleil et se refroidit moyennement
à l'ombre. Mais cette couleur, si bien assortie
à la plante, est précisément celle qui est la
mieux appropriée à notre vue, qu'elle repose

comme le bleu, tandis que les autres couleurs la fatiguent et l'altèrent. Aussi le vert,
par les plantes, prédomine-t-il sur le sol,
comme le bleu, par la vapeur aqueuse, prédomine dans l'air ; tandis que, dans l'eau,
ces deux couleurs sont plus ou moins
associées.

Si la feuille est généralement verte, pour
mieux remplir ses fonctions, elle peut cependant présenter parfois quelques teintes
particulières, depuis la feuille argentée du
protéa, jusqu'à la feuille noirâtre du cy-
près. Ce sont des harmonies de détail qui
peuvent n'être établies que pour varier la
perspective, mais qui répondent souvent à
des conditions exigées. Ainsi la feuille du
stachys se couvre de laine blanche pour s'a-
briter contre le froid ; moins frileuse et plus
coquette, la feuille du caïmitier s'habille
d'un duvet soyeux, à reflet doré ; tandis que,

plus prudente, celle du chélédonium, plante
marine, se lubréfie d'une substance cireuse
pour se protéger contre l'action du sel.

Enfin, pour mieux affirmer quelle est la
commune origine de la feuille et de la fleur,
la feuille peut avoir un coloris égal à celui
de la corolle et quelquefois même être plus
ornée que la fleur. Celle du dioscore, grande
et en forme de cœur, lustrée d'un beau vert
en dessus avec une large traînée blanche, au
milieu, est d'un magnifique carmin foncé en
dessous; la feuille de l'échite est gracieuse-
ment réticulée de veines pourpres; celle du
bégonia rivalise avec la fleur par l'éclat carminé de sa face inférieure, tandis que sa
face supérieure est d'un vert olive avec une
large zone blanche; la feuille du cyano-
phylle, grande et magnifique, verte en
dessus avec nervures et liserés blancs, carminée en dessous, est, par ses reflets métal-

liques et moirés, le désespoir des plus habiles pinceaux. La feuille de la pavetta, oscillée de blanc, est parcourue par une nervure médiane qui est du plus beau carmin. La feuille du caladium est grande, en forme de cœur et à reflet métallique; les nervures en sont colorées d'un très-vif carmin qui constraste avec le vert brillant du parenchyme; on dirait même que la fleur, qui est blanche, n'intervient ici que pour mieux faire ressortir la splendeur de la feuille. La feuille du cissus est tachetée de blanc pur, sur un fond de vert lustré; la feuille de la dieffenbachie, longue et ovale, est marbrée de blanc sur un fond vert clair; la feuille de la sonéliria, vraie miniature, serait une rareté dans le monde floral, avec ses perles d'un blanc de neige, alignées sur un fond vert foncé; la feuille de la maranta, d'un vert foncé en dessus, lisse, luisante,

avec double rangée de macules vert pâle qui
longent la nervure médiane, est d'un carmin violet en dessous; la feuille de l'anœc-
tochyle est singulièrement belle, par le réseau de lignes d'or qui la parcourent dans
tous les sens et qui miroitent au soleil, ainsi
que le vert métallique du fond. Celle de
l'aphélandrie est admirablement zébrée de
blanc sur un fond d'un vert tendre. La
feuille du dragonnier est d'un beau pourpre foncé, sur les deux faces. La feuille de
la poinsettie, magnifiquement verte, est
accompagnée de bractées qu'on prendrait
pour une corolle teintée du rouge le plus
vif. La feuille de l'alocasie, vue de face,
a tous les reflets du bronze poli, mais prend
toutes les teintes depuis le rouge jusqu'au
bleu, selon l'obliquité du rayon réfléchi.
Toutefois la feuille est essentiellement un
organe de nutrition et conserve ce carac-

tère. On peut même dire que la plante, quand son feuillage est complètement développé, s'alimente bien plus par la feuille que par la racine.

Quelques feuilles nous présentent un intérêt particulier. Ainsi, la feuille du porleria dort ou veille, selon que le temps est humide ou sec. La feuille de l'aldrovanda, portée sur un pétiole presque diaphane, se termine par une vésicule remplie d'air, qui la tient flottante à la surface de l'eau. Cet appareil hydrostatique équilibre d'autant mieux la tige que les feuilles, étant verticillées, lui forment tout autour une sorte de ceinture de ballons flottants.

Comment ne pas citer aussi la feuille du pontederia, soutenue par de petits ballons pleins d'air et naviguant sans cesse au moindre souffle de la brise, comme un petit navire qui a pour mât une hampe assez longue ; pour pavillon, un épi de fleurs bleues ; et, pour rames, de petites racines légèrement branchues.

Mais voici une tout autre merveille. Considérez un moment la feuille de cet hedysarus. Elle est composée de trois folioles : une, grande, qui est terminale, et deux petites, qui sont latérales. Les deux petites folioles ne cessent de décrire vers la grande un arc de cercle. On dirait un double éventail fonctionnant sans cesse, même la nuit, pour maintenir une ventilation rafraîchissante. Ce mystérieux mouvement persiste quelque temps encore après qu'on a coupé le pétiole.

La feuille de la sensitive étonne encore la science par une particularité tout aussi merveilleuse. Sensible à la seule approche de la main qui ne la touche pas encore, elle se réfugie vers l'axe qui la porte ; elle est sensible aussi à l'ébranlement causé par la personne qui passe près d'elle ; mais, au moindre choc, l'impression qu'elle éprouve se communique successivement à toutes les autres feuilles, qui se contractent et se replient parallèlement à la tige. Puis, dès que la cause de l'irritation cesse, chaque feuille reprend peu à peu sa quiétude et sa tenue.

En terminant l'étude de la feuille, citons avec quelques détails deux scènes d'un genre bien différent : celle de l'imprudent insecte périssant captif dans la feuille de la dionœe ; celle du petit passereau s'abreuvant d'une eau pure dans la feuille du népenthès.

La dionœe porte un des noms de Vénus. Elle l'a reçu peut-être, parce que, cachant le danger sous l'attrait, elle n'est ainsi que trop souvent l'emblème de la beauté. Malheur à l'insecte qui, séduit par la substance sucrée que la feuille sécrète à sa surface, vient seulement y toucher ; car, soudainement, la feuille rapproche ses deux lobes hérissés de cils épineux et enserre l'insecte sous ses dards entrecroisés. Plus la victime s'agite pour se dégager, et plus la feuille se contracte pour l'étouffer. Dès qu'elle y est parvenue, elle se rouvre et reprend son état normal. Le népenthès semble aussi répondre à son nom signifiant : *qui dissipe la tristesse;* car, à l'image de la charité qui, par ses dons, réjouit le nécessiteux, la feuille ouvre à l'oiseau altéré l'eau fraîche qu'elle tient en réserve pour les heures du besoin. En effet, sa nervure principale dépassant le limbe, se recourbe d'abord et puis se relève pour se terminer par une urne qui, élégante de forme et bariolée de riches couleurs, s'emplit d'eau, chaque nuit, et qui se ferme durant le jour, pour s'opposer à l'évaporation. Elle est surmontée d'un opercule qui pivote sur une charnière. L'élégance de cette urne en velours est rehaussée par de riches teintes et par de gracieuses broderies. C'est un spectacle ravissant de voir, le matin et le soir, une foule de petits oiseaux qui voltigent gaiement autour de cette fontaine végétale et viennent tour-à-tour s'y désaltérer.

La feuille, qui fut la première parure de la plante, en est encore le dernier ornement. Elle tombe à la fin de l'automne. c'est-à-dire quand l'évolution phytologique est complètement terminée. Elle tombe pour devenir un engrais, restituant ainsi à la terre les éléments qu'elle en a reçus. Mais elle persiste plus ou moins dans quelques plantes ; car il importe que les forces végétatives, quoique mises temporairement au repos, s'affirment toutefois, en ne laissant jamais le sol complètement dénué de verdure. Tel est le buis, plante éminemment rustique, et si remarquable par les qualités de son bois. Sa feuille reste longtemps associée à la feuille nouvelle, emblème de ces robustes natures qui restent contemporaines de la génération qui les suit, ou bien encore emblême du vrai mérite, qui, survivant à son époque, passe de lui-même à la postérité.

Quoi qu'il en soit, la défoliation est un phénomène mélancolique dont on se sent impressionné, surtout à la vue des forêts, naturellement fières de leur splendide chevelure. Mais sachons voir dans cette chute des feuilles un symbole à la fois et une leçon. Ces feuilles, celle de la rose comme celle du laurier, naguère si fraîches et si lustrées, et que l'aquilon disperse maintenant, jaunes et flétries, ne sont-elles pas l'image de la beauté physique et de la vaine gloire, qui se croient éternelles et que le temps supprime si vite: l'une, disparue sous les rides ; l'autre, effacée par l'oubli!

HARMONIES DE LA FLEUR.

Organe reproducteur de la plante, la
fleur en est aussi le plus bel ornement.
C'est à ce double caractère que correspondent, en effet, toutes ses harmonies de composition,.de forme, de couleur.

Déjà, dans la fleur encore en bouton, la
symétrie s'annonce ainsi que la variété,
depuis la préfloraison valvaire de la cléma-
tite et de la vigne, jusqu'à la préfloraison
quinquonciale de la rose et de la belladone.

Considérons plutôt la fleur épanouie.
Les quatre verticilles qui en composent le
type normal, sont à la place respective la
mieux assortie aux fonctions de la fleur.
Le pistil, qui porte l'ovule, occupe le centre,

les étamines entourent le pistil et sont en-
tourées par la corolle, qui l'est elle-même
par le calice. Cette disposition en cercles con-
centriques donne à la fleur une forme géométrique ; et puis l'étamine et le pistil, qui
sont les deux parties protégées, ont ainsi
pour enveloppes la corolle et le calice, qui
sont les deux parties protectrices. Dans cette
symétrie florale, signalons une harmonie
secondaire, qui n'est pas sans importance
sous le double rapport de l'utile et du beau.
Les carpelles alternent avec les étamines,
les étamines alternent avec les pétales et les
pétales avec les sépales. Ainsi le moindre
courant d'air n'arrive à l'étamine que par
des circuits qui modèrent son action.

Notons encore quelques harmonies secondaires. Le sépale et le pétale n'étant que des
feuilles modifiées, le calice, qui a sa place
entre la feuille et la corolle, en est aussi le

terme moyen, participant à la fois des qualités de l'une et de l'autre. Il a la consistance et la couleur de la feuille, avec le
type et la tenue de la corolle. Bien plus, afin
que le caractère distinctif de ces deux enveloppes florales ne soit pas trop uniformé-
ment tranché, pour rappeler même leur
commune origine et leur commune fonction, le calice est, dans le lis, orné comme
la corolle; et la corolle, dans la jonchée, est
verte comme le calice. C'est encore par une
harmonie facile à comprendre qu'il n'y a
pas de fleur complètement noire : ce serait
le deuil autour d'un berceau. Si, dans quelques fleurs, le noir se montre en filets très-
déliés, c'est seulement pour y relever, par
voie de contraste, les autres teintes. Par
une concordance bien naturelle, les plantes
vénéneuses ont, généralement, des couleurs
sinistres, un aspect sombre qui est, pour
nous, un avertissement.

La plante ne peut se déplacer, elle est même privée de tout mouvement partiel. Elle exige donc un intermédiaire pour transmettre à l'ovule le pollen qui doit en déterminer l'évolution. Afin que cette transmission s'effectue plus facilement, il est naturel que l'étamine et le pistil soient réunis dans la même fleur. Telle est, aussi, la disposition générale dans la série phytologique.

La pesanteur suffit alors, sous l'action du moindre zéphir, pour que le pollen tombe de l'anthère sur le stigmate. Seulement la longueur relative de l'étamine et du pistil doit varier selon la tenue de la fleur. Ainsi, quand la fleur se tient verticale, comme la tulipe, l'étamine est plus longue que le pistil; tandis qu'elle est plus courte, si la fleur se tient inclinée comme le fuschia.

Quand la fleur staminée et la fleur pistillée sont placées sur des pieds différents,

les insectes et notamment les papillons con-
courent avec le zéphir; si la distance est
grande, c'est surtout le vent qui sert alors de
véhicule. Mais, à mesure que la plante se dé-
grade, elle n'a plus pour germe, sous le nom
de spore, qu'une poussière qui semble aban-
donnée au caprice de l'air. Toutefois, par
une harmonie compensatrice, ces germes,
si réduits et si simples, sont doués d'une telle
puissance végétative que la moindre circonstance favorable suffit à leur développement.

Mais que d'artifices divers, dans quelques
fleurs, pour que le pollen arrive au stigmate !

Dans l'iris, l'étamine, parfaitement abri-
tée sous une voûte élégante que lui forme
le pistil, laisse tomber le pollen sur un sépale velu qui retient aisément cette fine
poussière. Bientôt un insecte, lui aussi tout
velu, pénètre dans la fleur pour en sucer le
nectar. Mais il ne peut s'y introduire qu'en

passant avec frottement : d'abord, sur le sépale où il s'enfarine de pollen ; puis, sur le
stigmate, où les grains polliniques se prennent et se fixent à la surface visqueuse de
cette partie supérieure du pistil.

C'est un hyménoptère velu qui, dans la
nigelle des champs, est encore le messager
du pollen. Toutefois le type de la fleur n'est
plus ici le même. Les étamines, extrorses et
longues, se recourbent en arcade pour protéger le pollen, que l'anthère laisse tomber à
leur base avant le développement complet
du pistil. Bientôt les étamines se flétrissent.
Mais, à mesure que l'arcade qu'elles forment
se défait, les stigmates en forment une autre, afin d'abriter du vent et de la pluie la
poussière pollinique. C'est sous cette nouvelle arcade que l'hyménoptère d'abord doit
passer. Il en sort saupoudré du pollen que
lui reprennent ensuite par leur surface

gluante les stigmates, car il est forcé de les
parcourir pour atteindre au liquide sucré
du nectaire... Admirable réciprocité de services qui rend la fleur nécessaire à l'insecte
et l'insecte nécessaire à la fleur!

L'eau sert, à son tour, d'intermédiaire à
plusieurs plantes aquatiques. Dans le vallis-
néria spiralis, la fleur staminée et la fleur pistillée sont portées sur deux pieds différents,
qui ont leur racine dans la vase du marais. La
grappe que forment les étamines se détache
de la fleur staminée; le pollen, par sa légèreté spécifique, monte à la surface de l'eau
où vient aussi flotter la fleur pistillée, car la
longue tige qui la porte déroule alors ses
spires. Le plus faible courant apporte au stigmate le pollen et, dès que la fleur pistillée
l'a reçu, elle redescend au fond du marais
pour s'y tenir submergée.

Dans l'aldrovanda, le phénomène est plus

remarquable encore. La grappe staminée se coupe au niveau de la vase et vient s'épanouir à la surface de l'eau. Mais, s'il y a inondation, le calice se ferme en partie et dégage des bulles d'air qui font monter avec elles les grains de pollen, pour qu'ils puissent ainsi parvenir au pistil.

La floraison, c'est-à-dire la naissance des fleurs, est graduelle et ménagée, non-seulement d'une saison à l'autre, mais encore aux différentes périodes de la même saison. Les fleurs printanières précèdent naturellement les fleurs estivales; mais, de plus, elles se succèdent entr'elles dans un ordre parfait, de telle sorte que l'horizon change d'aspect selon la saison d'abord, et puis selon le mois, selon le jour et, pour ainsi dire, selon les heures. Car l'épanouissement quotidien de la fleur s'effectue à des moments précis pour toutes les espèces, mais différents pour chacune d'elles. Telle fleur s'éveille, quand telle autre s'endort. Ajoutons que la même fleur devient de plus en plus matinale, et s'endort de plus en plus tard, à mesure qu'on marche du pôle vers l'équateur. Il est des fleurs qui ne s'ouvrent qu'une fois et sont éphémères; telle est notamment celle du lisianthe. La patersonie, à corolle bleue, avec appareil staminal jaune et blanc, n'a qu'un jour d'épanouissement. La plupart des fleurs, au contraire, s'épanouissent plusieurs fois. La grande fleur blanche de l'argémone ne dure jamais jusqu'à midi; mais, pendant plusieurs jours, une nouvelle fleur s'épanouit chaque matin. Les fleurs du mimulus se succèdent pendant tout l'été. L'agavé ne fleurit qu'après une période de plusieurs années; sa riche inflorescence, qui se développe alors à vue d'œil, l'épuise le plus souvent pour un demi-siècle.

La science a pu dresser ainsi non-seulement un calendrier de Flore, depuis le perce-
neige, qui est le premier décor de l'année,
jusqu'au réséda, qui en est le dernier parfum ;
mais encore une horloge de Flore, depuis
le liseron, qui précède l'aurore, jusqu'au
silène, qui suit le crépuscule.

Remarquons, toutefois, que, pour ce calendrier comme pour cette horloge, l'épanouissement de la fleur varie selon les latitudes : il est plus hâtif, dans les climats
chauds; plus retardé, dans les climats froids.

Une loi d'ordre régit aussi l'épanouissement d'une même inflorescence, pour
les fleurs solitaires comme pour les fleurs
groupées. Ainsi, les fleurs qui terminent
les axes de génération différente s'épanouissent dans l'ordre chronologique du
développement de ces axes, et les fleurs qui
terminent les axes de même génération

s'épanouissent de haut en bas, c'est-à-dire
dans l'ordre chronologique de leur propre
développement. Prenons pour exemple,
d'une part, le gypsophila et, d'autre part,
le groseillier. Dans le gypsophila, la fleur
qui termine l'axe primaire de la panicule
s'épanouit la première. Les deux fleurs qui
terminent les deux axes secondaires nés
de l'axe principal, s'épanouissent après,
puisqu'elles sont d'une deuxième génération ; mais elles s'épanouissent simultanément, parce qu'elles sont d'une même
génération et à la même hauteur. Les quatre fleurs qui terminent les quatre axes ter-
tiaires s'épanouissent ensuite, mais en
même temps, parce qu'elles sont de la
même génération. Dans le groseillier, la
fleur qui termine l'axe principal de la
grappe, précède toutes les autres, qui sont,
en effet, de seconde génération. Mais celles-

ci ne s'ouvrent pas toutes simultanément.
Ce sont les plus inférieures qui s'épanouissent d'abord, et les plus supérieures s'ouvrent les dernières. De même, dans le capitule d'une fleur composée où l'axe principal de l'inflorescence s'est déprimé, les
fleurs de la circonférence s'épanouissent
avant celles du centre. Ce qui est conforme
à la loi de l'épanouissement successif; car, si
par la pensée nous rendions à cet axe principal une longueur notable, les fleurs cen-
trales en occuperaient le sommet.

Enfin, le temps qui sépare le moment
où la fleur s'ouvre et le moment où elle se
ferme, c'est-à-dire la durée de l'épanouissement varie, non-seulement selon les
plantes, mais, pour la même plante, selon
les conditions variables de l'atmosphère.
Dans le nymphœa, qui s'ouvre à sept heures
du matin et se ferme à sept heures du

soir, la fleur reste épanouie durant douze
heures ; tandis que, dans le mesembryanthemum, qui s'ouvre à huit heures du matin et se ferme à deux heures, l'épanouissement ne dure que six heures ; et, dans le
pourprier, qui ne s'ouvre qu'à midi pour se
fermer à une heure, la fleur n'est guère
épanouie que durant soixante minutes.
Mais les conditions atmosphériques modifient plus ou moins l'heure et la durée de
l'épanouissement. D'abord l'influence de la
lumière est ici très-grande, de telle sorte
que le mesembryanthemum, qui s'ouvre
ordinairement à huit heures, ne s'épanouit
qu'à neuf heures, si le temps est sombre ;
et le nymphœa, qui ne se ferme habituelle-
ment qu'à sept heures du soir, se ferme
alors à six heures. Ainsi l'affaiblissement
de la lumière retarde l'ouverture de l'un
et avance la fermeture de l'autre.

La chaleur influe beaucoup, aussi, sur
l'heure et sur la durée de l'épanouissement ; d'où résulte que les deux circonstances du phénomène varient selon les latitudes et, sous la même latitude, selon les
saisons. Dans la zone torride, les fleurs
sont plus matinales, ainsi que le jour ;
dans la zone glaciale, elles s'épanouissent
plus tard ; dans la zone tempérée, l'heure
de l'épanouissement est intermédiaire entre ces deux extrèmes. La fleur qui s'ouvre
au Sénégal à six heures du matin, ne s'é-
panouit en France qu'à huit heures, et ne
s'ouvre en Suède qu'à neuf heures. De telle
sorte que, par exemple, l'ingénieuse *horloge de Flore* dressée à Upsal retarde
d'une heure sur l'horloge florale de Paris.

Par une concordance qu'il est facile de
prévoir, les saisons reproduisent, à leur
tour, l'effet des latitudes. Au printemps et

en automne, la température étant moins
intense qu'en été, la même fleur s'ouvre
une ou deux heures plus tard et se ferme
une ou deux heures plus tôt ; et, en hiver,
l'affaiblissement de la chaleur abrège encore plus la durée de l'épanouissement.

Enfin, pour que rien ne manque à l'indéfinie variété d'un même horizon, il est
des fleurs météoriques qui s'ouvrent ou se
ferment selon l'état accidentel de l'atmosphère, depuis la calendula pluvialis, qui se
ferme quand le temps est pluvieux, jusqu'au senchus sibericus, qui se ferme, au
contraire, quand le temps est beau.

D'après l'ordre même de l'évolution phytologique, la fleur, venue la dernière, doit,
en vertu de la tendance ascensionnelle de
la plante, y occuper un point terminal, une
place élevée. Elle l'occupe, en effet ; mais sa
hauteur, harmoniquement variable suivant

les zones, est, de plus, en harmonie avec sa
couleur. Et d'abord la fleur a plus d'altitude
dans les zones intertropicales, attendu que la
plante elle-même y acquiert de plus hautes
proportions par le concours, au maximum,
et de l'action solaire et de la force centrifuge.
Recevant sa grande part de calorique direct,
la fleur se trouve ainsi plus éloignée du sol qui,
de trop près, pourrait lui nuire par son calorique réfléchi. Dans les zones glaciales, la
plante, réduite à de plus petites proportions
par l'affaiblissement simultané de la force
centrifuge et de l'action solaire, profite ainsi
tout à la fois et du rayon qui lui vient directe-
me nt du soleil et du rayon qui lui est réfléchi
par le sol. On comprend que, dans les zones
tempérées, tout doit être dans des conditions
moyennes : les proportions de la plante, l'altitude de la fleur, l'efficacité du calorique direct
et réfléchi, l'intensité de la force centrifuge.

Mais l'élévation de la fleur est encore en parfait rapport avec la propriété thermique de sa couleur. Voyez, par exemple, la violette et le lis, qui appartiennent, les deux, à la zone tempérée. La violette se tient près du sol, pour en recevoir, par voie de réflexion, le calorique qui lui suffit. Le lis, au contraire, s'élève assez haut pour atténuer par la distance l'action du calorique réfléchi. Si, au premier printemps, les rayons renvoyés par le sol sont encore assez faibles, la violette y supplée par sa couleur qui se les approprie complètement. En été, les rayons réfléchis par le sol sont intenses, mais le lis les rend presque nuls par sa couleur réfléchissante; on dirait même que, par surcroît de précaution, le calice y prend tout l'éclat de la corolle.

La forme des fleurs est indéfiniment variée; quoique, dans chaque fleur, elle soit

plus ou moins arrondie. Cette diversité de
forme résulte d'abord de la diversité même
du type floral, et puis, des modifications
qu'éprouvent, dans chaque type, les parties
constituantes de la fleur. Ces parties se
modifient, en effet, par voie de disjonction,
de soudure, d'atrophie, de métamorphose.
De là, l'inexprimable variété que présente
non-seulement la fleur elle-même, mais
encore l'inflorescence, depuis l'oncidie, bariolée de rouge et de jaune, qui, par ses
pétales rubannés, simule un singulier papillon, jusqu'au brassia, qu'on prendrait
pour une araignée jaune verdâtre, ponctuée
de noir; ou bien jusqu'à l'hogsonie, qui a
l'aspect d'une méduse à tête argentée, laissant flotter dans l'air ses tentacules d'or.
Ici, c'est l'arun, avec sa bractée en cornet
élégant; la brumansie, avec sa corolle en
longue trompette; la gardenie, avec sa

grande fleur en porte-voix; le calliandra,
avec ses nombreuses aigrettes pourprées; le
miltonia, avec son labelle d'azur; le lœlia,
avec son capuchon doré. Là, c'est l'épimé-
dium, avec sa corolle à quadruple éperon;
le dahlia, avec son périanthe en riche cocarde; le mélocactus, avec sa fleur en pom-
pon jaune surmonté d'une aigrette écarlate;
le cyrtanthus, avec sa magnifique pana-
chure; ou bien encore, c'est le liseron conformé en gracieux entonnoir; l'aristoloche,
en pipe élégante; la campanule, en cloche
géométrique. L'inflorescence se diversifiant,
à son tour, se dispose en hampe panachée,
dans le crinum; en scape couronné d'un
bouquet, dans la burlingtonie; en pyramide,
dans le paulownia; en grappe, dans le lupi-
nus; en thyrse, dans le deutzia; en épi, dans
le liatris; en panicule, dans la carmentine;
en ombelle, dans le dembeya; en corymbe,

dans l'astrapée; en capitule, dans le ce-
phalantus; en cyme, dans le sedum. Et,
tandis que le gesneria distribue ses riches
corolles, comme un lustre ses cristaux,
l'hémanthe dispose en ombelle arrondie ses
fleurs carminées; et le parkia forme, des
siennes, un ample diadème.

La tenue de la fleur varie dans les différentes plantes, avec tous les degrés d'obliquité : depuis l'agavé, qui dresse verticalement sa hampe solennelle, jusqu'à la
corrée, qui abaisse vers le sol sa longue
fleur tubuleuse.

Quand la fleur est terminale, elle se
tient plus ou moins verticale. Lorsqu'elle
est axile, cas le plus ordinaire, elle s'é-
carte plus ou moins de l'axe qui la porte,
et se tourne ainsi vers l'horizon. Deux
conditions alors se trouvent satisfaites; car
la fleur se présente mieux au regard de

l'homme, qui seul peut contempler, et elle s'offre plus naturellement à l'insecte qui en recherche le nectar. Que de particularités cependant à signaler encore dans plusieurs plantes! L'hardenbergia, par exemple, s'enroulant à la tige des arbres, laisse tomber avec grâce ses nombreuses ramifications couvertes de fleurs violacées. Le kennedya grimpe aussi sur les arbres pour y suspendre ses belles fleurs teintées de rouge et de jaune. Le methonica dirige horizontalement et son pédoncule et son style; le comparettia laisse onduler à tous les caprices du zéphir ses corolles pendantes.

Par une harmonie supérieure qui préside à la distribution géographique des fleurs, le nombre des espèces florales augmente à mesure qu'on se dirige des pôles vers l'équateur. Comparons, par exemple, deux îles suffisamment explorées : le Spitzberg, situé dans la zone glaciale et la Sicile, située dans la zone tempérée. La Sicile possède trois fois plus d'espèces, quoiqu'elle ait moins de surface que le Spitzberg. Et cette harmonie manifeste, qui s'explique par le rôle essentiel des rayons solaires, n'est pas troublée par d'autres faits qui sont eux-mêmes des harmonies secondaires. Le calorique n'est pas, en effet, le seul agent phyto-logique; il étiole même la plante, lorsqu'il agit seul, quand son action n'est pas suffi-samment associée à celle de l'eau. Toute-fois, le désert sableux a sa raison d'être, aussi bien que la verte prairie: dans l'un, l'atmos-phère s'échauffe, et dans l'autre elle se ra-fraîchit. Tout se concilie dans ces actions contraires, et c'est ainsi que les plaines ar-dentes de l'équateur compensent, sur le globe, les plaines glacées des pôles, comme l'été compense l'hiver parmi les saisons.

Mais la distribution géographique des
fleurs est, de plus, en parfaite concordance
avec le relief du sol. Les montagnes de l'Europe, comme celles de l'Asie, se dirigent
principalement de l'ouest à l'est, depuis le
détroit de Gibraltar jusqu'au détroit de
Behring. La flore, sur un même parallèle,
ne doit donc s'y modifier, de l'occident à
l'orient, que par transitions très-ménagées.
Tandis que les chaînes de l'Amérique étant
alignées, pour ainsi dire, du nord au sud,
depuis le cap occidental jusqu'au cap Horn,
la flore y trouve, sous chaque latitude, aux
deux versants opposés, des contrastes cli-
matériques qu'elle traduit elle-même par la
différence de ses espèces, effectivement plus
nombreuses. L'Afrique, par l'uniformité
prédominante de sa surface, a sa flore
moins riche en espèces, quoiqu'elle soit
comprise dans les zones intertropicales,

c'est-à-dire sous l'action puissante des
rayons solaires. Toutefois il en doit être
ainsi, parce que sa partie centrale est aride
et n'a qu'une atmosphère desséchée. Mais,
si à l'action du soleil vient s'ajouter sur
quelques points le concours d'une suffisante
humidité, soit par la présence des montagnes, soit par le voisinage de la mer, la flore
devient alors luxuriante, comme, par exemple, à la colonie du Cap, patrie du strélitzia. C'est cette influence des montagnes
et de la mer qui fait varier, sur un même
parallèle, le climat et, par conséquent, la
nature et le nombre des espèces végétales.

Chaque espèce de fleur a, pour ainsi
dire, son site d'élection. La ramondie, comme le cistus, aime le flanc des montagnes ;
le perce-neige, comme le renonculus glacia-
lis, en préfère le sommet. La tulipe se plaît
dans les parterres ; le lis, dans la vallée ; le

nymphœa, dans les eaux du lac; l'iris, sur
les bords du ruisseau; la verveine, au versant de la colline; le chritmum, à l'air salin
de la mer. L'hibiscus aime le rayon solaire qui rend son coloris plus intense, tandis que le lilas recherche l'ombre qui pro-
tège, en effet, sa teinte fugace. Plusieurs
orchidées perchent, comme de brillants
perroquets, aux plus hautes branches des
arbres, tandis que l'ipomée en escalade les
tiges, pour y suspendre ses belles corolles.
Le crinole virginal étale sur le sable aride
sa grande fleur d'un blanc pur, et la par-
nassée distribue dans les prés sa petite,
mais élégante fleur blanche.

Le sophronitis, charmante petite plante
à grande fleur d'un pourpre éclatant, tapisse
la surface verticale de roches qui s'élèvent
souvent à plus de vingt-cinq mètres. Le bi-
gnonia décore de ses guirlandes orangées

l'arbre colossal qu'il cache sous ses mille replis; tandis que le mélostome semble ensevelir sous ses brillantes fleurs le vieux tronc abattu par le temps. C'est aussi sur les plus grands arbres que se pose la gongore, mi-partie blanche et mi-partie lilas, qui figure un insecte prenant son essor pour voler ; tandis que l'aéride y suspend ses grandes fleurs blanches à labelle pourpré. Le nemophila recherche la fraîche lisière des bois; le sedum, les terrains pierreux; le colmuthus, les rives desséchées du marais. Au pied de la montagne, l'épacride incline son rameau flexible sous le poids de ses corolles carminées; au flanc de la montagne, l'erythrine, qui a les proportions d'un chêne, se couvre de milliers de fleurs rouges et prend ainsi, de loin, l'apparence d'un immense globe de feu, tandis qu'au sommet de la montagne le jacaranda gigantesque va confondre avec l'azur du ciel ses innombrables fleurs bleues.

La rose s'accommode à peu près de tous les sites, afin de porter partout, pour ainsi dire, le triple privilège de sa souveraineté, par la gracieuse simplicité de sa forme, le ton modéré de sa couleur et la suavité délicate de son parfum.

Enfin la roche la plus dure, comme le sable le plus aride, a sa fleur de prédilection. Ainsi, c'est aux fissures du granit que se fixe l'ancholie, si remarquable même par la grâce de son port, la beauté de sa feuille, l'éclat de sa fleur. C'est aux déserts calcinés de l'Afrique que se développe le welwitschia, arbre étrange qui, sous de paradoxales apparences, réunit tant d'harmonies inattendues. Voyez. Pour puiser sa sève dans le sol, il y fait pénétrer jusqu'à deux mètres de profondeur une immense racine pivo-

tante, tandis qu'il n'élève sa tige qu'à sept
à huit centimètres de hauteur, afin que l'ouragan, que rien ne brise dans ses plaines
sableuses, ait sur lui peu de prise. Mais cette
tige, pour être en rapport avec la racine,
s'étale comme un plateau qui a deux mètres de diamètre. Les feuilles ne sont pas
moins extraordinaires que le tronc. Contrai-
rement à toutes les autres plantes, le welwitschia garde les deux feuilles cotylédonai-
res durant toute sa vie, qui est plus que sé-
culaire, et n'en a jamais d'autres. Ces deux
feuilles, implantées directement sur le re-
bord du tronc et s'appuyant sur le sol, acquièrent une longueur de deux à trois mètres, ce qui était nécessaire pour qu'elles
pussent suffire à la respiration dans un air
si raréfié. Enfin cet arbre a, pour inflorescence, des cônes qui sont d'un rouge très-
vif, comme ses fruits. Ces cônes, qui se

renouvellent tous les ans, brodent le plateau tout autour et, par leurs cicatrices,
signalent les couches annuelles dont il s'est
formé.

Mais, indépendamment des fleurs terrestres, aquatiques, arboricoles, il en est plusieurs qu'on pourrait appeler atmosphériques, car elles ne puisent que dans l'air
leurs éléments de nutrition. Citons notamment l'ipomée et le tillandsia. L'ipomée ne
demande qu'un support qu'elle festonne de
ses belles fleurs, le tillandsia n'exige qu'un
point de suspension pour y fixer son joli
corymbe rose et bleu.

Les dimensions de la fleur sont ordinairement proportionnées à celles de la plante.
Ainsi la fleur est grande dans le magnolia ,
tandis qu'elle est petite dans le myosotis.
C'est une harmonie bien naturelle. Toutefois
il importe de remarquer que, par compen-

sation, dans les fleurs exiguës, l'inflorescence est plus nombreuse; la forme, plus
élégante; le coloris, plus fin. Mais il est des
plantes très-petites qui ont de grandes fleurs,
comme la gentiana acaulis, et des plantes
très-grandes qui ont des fleurs très-petites,
comme le durvillia. On dirait que les unes
sont l'image de ces médiocres fortunes qui
sacrifient tout au luxe, et que les autres
sont l'emblème de ces opulentes maisons qui
consacrent tout à consolider leur bien-être.
C'est ainsi que le rafflésia, qui a besoin
d'un support, se pare d'une fleur splendide; tandis que le chêne, géant de nos
forêts, n'a qu'une fleur microscopique.

En général, la fleur dure peu; elle finit
par la production du fruit, comme une
promesse qui a pour terme son accomplissement. Mais cette durée varie harmoniquement selon les zones. Dans les climats

plus ou moins froids, les fleurs sont peu
nombreuses et se remplacent lentement:
elles doivent donc y être plus persistantes,
afin que l'horizon ne soit jamais privé de tout
ornement. Dans les climats plus ou moins
chauds, les fleurs étant, au contraire, très-
nombreuses et se succédant très-vite, on
comprend que leur courte durée a l'avantage
de varier sans cesse l'aspect de l'horizon. Ce
rapport parfait entre la durée des fleurs et
les diverses latitudes se retrouve encore dans
les saisons qui, par la température, correspondent aux différentes zones. Ainsi les
fleurs du printemps et de l'été durent moins
que celles de l'automne et de l'hiver; mais
elles se succèdent d'une manière continue.

Une harmonie plus élevée réside dans
le rapport inverse entre l'utilité de la plante
et la beauté de la fleur. Par exemple, dans
la vigne comme dans le froment, c'est la

richesse du produit qui prédomine; tandis que c'est la beauté de la fleur qui prédomine dans la pivoine et dans le dahlia.

Les fleurs nocturnes sont peu nombreuses et dépourvues d'ornement. Privées du rayon solaire, qui est le grand coloriste de l'horizon, d'où pourraient-elles donc tenir une brillante parure? Quant à la grâce de la forme elle-même, aurait-elle sa raison d'être dans ces fleurs qui doivent, au contraire, participer du caractère grave de la nuit. En effet, la perspective se restreint, les objets deviennent confus, les couleurs les plus vives s'effacent; et le regard de l'homme, ne trouvant plus d'attrait à l'horizon terrestre, s'élève naturellement vers la sphère étoilée, qui resplendit alors de tout son éclat. Nous avons ainsi, tour-à-tour, le spectacle des richesses de la terre et des merveilles du firmament.

La fleur est ordinairement la partie odo-
rifère de la plante. La diversité de son parfum est aussi merveilleuse que celle de sa
forme et de sa couleur. Cependant le nombre indéfini de ces huiles volatiles, qui em-
baument l'atmosphère, étonne moins encore
que la similitude de leur composition. Elles
ont toutes, en effet, pour éléments chimiques
le carbone et l'hydrogène. Ces deux principes
constituants n'y diffèrent que par leurs proportions relatives, et cette différence elle-
même est parfois si minime qu'elle échappe
à l'analyse. Il est important de noter que
ces huiles volatiles ne doivent être odorées
qu'à l'air libre, c'est-à-dire que dans l'espace atmosphérique où elles sont alors
suffisamment diluées. Ainsi laissons dans
nos jardins, et gardons-nous bien d'écrouer
dans nos appartements ces fleurs à
parfums délicieux, qui aiment le grand

air : la rose et le jasmin, la tubéreuse et le
réséda.

Ajoutons que, dans l'émission intermit-
tente de leur parfum, quelques fleurs semblent se distribuer leur rôle : les unes ne
sont odorantes que le matin, et d'autres, que
le soir. Presque toutes cessent de l'être, dès
que la fructification est commencée; ce qui
est naturel, puisque la fleur est alors parvenue à son dernier terme. Il est naturel
aussi que la plupart des fleurs n'aient pas
d'odeur sensible, afin de ne point fatiguer
nos organes par des sensations qui seraient
continues. Il est même des familles entières
de plantes dans lesquelles aucune fleur n'est
odorante. Quelques-unes, comme la ciguë,
nous signalent par une odeur vireuse leur propriété délétère. Mais telle plante qui n'est pas
odorante pour nous, l'est, au contraire, pour
l'animal qui la recherche ou qui la fuit.

Parmi les fleurs agréablement odorifères, les blanches sont proportionnellement les plus nombreuses, et le sont dans un très-notable rapport. Tandis que, sur cent fleurs blanches, il en est quatorze qui flattent l'odorat, il n'y en a pas une seule parmi les fleurs brunes. On n'en compte que deux sur cent, dans les fleurs orangées; quatre sur cent, dans les fleurs bleues; six, dans les fleurs jaunes; huit, dans les fleurs rouges.

Peut-être s'attendait-on à trouver dans le règne végétal plus de fleurs parfumées. Mais remarquons d'abord que le nombre des plantes est considérable; et puis n'oublions pas que les odeurs les plus agréables ne doivent être flairées qu'avec réserve, images de ces plaisirs frivoles qui, trop fréquents, ne sont presque jamais sans danger.

Des lois précises règlent la distribu-

tion des couleurs florales à la surface de la
terre; elles en varient graduellement la
nature et l'intensité, selon la zone, l'altitude, la saison. Mais, pour ne pas nous
égarer parmi toutes ces harmonies, exami-
nons une fleur, et n'oublions pas que la couleur elle-même lui est donnée, bien moins
pour embellir la plante, que pour favoriser
l'évolution du germe. Voyez. Dans la fleur
normale, les sépales sont verts, les pétales
ont un coloris plus ou moins vif, l'étamine
est jaune et le stigmate, seule partie ordinairement visible du pistil, porte une teinte
plus ou moins thermique. Or, cette différence de coloration, qui ne semble faite que
pour plaire au regard, ménage à la fleur
deux avantages : elle exalte la température
du pistil et des étamines, et maintient au centre de la fleur une délicate ventilation. Tout
ici doit tendre au développement de l'ovule,

qui exige à la fois et l'action du calorique
et le renouvellement de l'air. Les étamines et le pistil profitent du calorique reçu directement et du calorique réfléchi par les
pétales, car la corolle fait l'office de miroir
concave, et par sa face interne, elle concentre sur le pistil le calorique qu'elle reçoit
elle-même. C'est aussi vers le pistil et vers
les étamines que, par l'effet des couleurs,
s'établit un courant d'air permanent. Et
comme, sous le même rayon solaire, chaque
couleur s'échauffe inégalement, la température s'accroît successivement du calice à la
corolle, de la corolle à l'étamine, de l'étamine au pistil. Il en résulte que les parties
de l'air qui s'appuient sur les différentes
parties de la fleur, y prennent elles-mêmes
une température différente, ce qui détermine, de la circonférence au centre, un
petit courant aérien. Ce courant s'élevant

ensuite du centre de la fleur, où il est devenu
plus léger, emporte, pour les distribuer au
loin, les vapeurs parfumées.

C'est par sa coloration, principalement,
que la fleur devient ornementale. Mais, si les
couleurs dont elle se pare sont innombrables, ces couleurs toutefois sont admirablement assorties, pour chaque fleur, à sa distribution géographique.

Les fleurs blanches prédominent dans
toutes les zones; et cette prédominance est
une double harmonie : l'une au profit de
la plante, l'autre au profit de l'horizon.
En effet, dans les régions glaciales, le blanc,
par sa propriété thermique, permet à la
plante de ne pas trop se refroidir et, par sa
propriété réfléchissante, il rend moins obscure la longue nuit polaire. Dans les climats
tempérés, la fleur blanche fait mieux ressortir les teintes les plus délicates des au-

tres fleurs et, par la diffusion de la lumière, donne à l'aurore, comme au crépuscule, plus de clarté. Dans les régions intertropicales, le blanc permet à la plante de supporter l'ardeur solaire et donne au jour, comme à la nuit, plus d'éclat. Par voie d'analogie, la prédominance des fleurs blanches se répète dans les diverses saisons; elle se répète encore, quoique moins accentuée, à mesure qu'on gravit aux flancs des montagnes les points qui correspondent aux différentes zones; car, à leurs hautes cimes, tout, plus ou moins, s'habille de blanc: la plante dans sa fleur, l'animal dans sa fourrure, le sol lui-même dans son manteau de neige.

C'est surtout, par la diversité de son coloris, que la fleur charme nos yeux. Aussi, quelle langue pourrait donc suffire à dénommer ici toutes les teintes et, dans chaque

teinte, toutes les nuances ! Ajoutons que
chaque couleur est plus ou moins vive, plus
ou moins mate, plus ou moins veloutée, plus
ou moins miroitante ; et puis encore, par
la loi du contraste, la même nuance change
indéfiniment de ton, suivant qu'elle est associée à telle ou telle autre nuance.

Il est des fleurs, comme le mantesia, le
mélanthus, le stanhopea, le disa, le cypripe-
dium, le schomburgkia, qui se dérobent à
toute description par la singularité de leur
forme et la complication de leur coloris.
Ne pouvant même décrire ni le pitcairnia,
ni le freycinetia insignis, ni la ketmie de ca-
meron, essayons du moins de signaler la
victoria et le strélitzia.

Reine des hydrophytes par la forme gran-
diose de sa feuille, la victoria l'est bien plus
encore par la somptueuse beauté de sa fleur
et par l'exquise suavité de son parfum. Son

pédoncule, qui est celluleux, se remplit d'air,
comme la feuille, pour soutenir le poids de
cette immense corolle, composée d'une cen-
taine de pétales. Sous le luxe de cette corolle disparaît, pour ainsi dire, le calice, qui
se compose de quatre sépales d'un brun
pourpré. La fleur s'épanouit le soir. Elle
est d'abord d'un blanc parfaitement pur, et
puis, sous l'action solaire, elle passe graduellement du rose le plus tendre au rouge
le plus vif. On comprend que, par harmonie, cette fleur colossale exige, avec un
climat torridien, une vaste nappe d'eau,
qu'elle transforme, chaque année, en cor-
beille resplendissante. Le savant qui la dé-
couvrit près des rives de l'Amazone fléchit
spontanément le genou devant le divin
auteur de cet écrin de l'Amérique intertro-
picale. Ajoutons que la victoria, délicate
même dans sa feuille, se protége contre le

choc des poissons par de nombreux piquants
qui hérissent son pédoncule, son pétiole et
les nervures de son limbe.

Mais comment décrire le strélitzia, merveille de la flore africaine. La fleur, qui s'é-
lève à plus d'un mètre, s'épanouit en splendide bouquet, du sein d'une spathe posée
horizontalement comme une gracieuse nacelle. Cette spathe présente, graduées, toutes les nuances du vert, que rehaussent, par
voie de contraste, toutes celles du rose; le
rose, à son tour, passe du ton le plus vif au
ton le plus tendre pour aller doucement se
fondre dans le blanc pur de l'onglet. Le calice est d'un riche orangé, que relève encore,
de son reflet, le bleu magnifique de la corolle. Cette corolle enlace, comme un étui,
les cinq étamines ainsi que le style, qui est fi-
liforme; et le stigmate s'élève au dehors, comme une aigrette, en trois branches linéaires.

Admirons cette aristocratie florale qui participe si bien à l'ornementation de la terre; mais revenons, par notre dernière pensée, à la fleur, petite et simple, que tant d'analogies nous désignent comme emblême de la modestie.

Fleur des champs plutôt que fleur des cités, la violette préfère, en effet, les sites épars et ombreux de ses bois aux plates-bandes géométriques et découvertes de nos parterres; comme la modestie se recueille dans les satisfactions paisibles du foyer domestique et ne s'évapore point au bruit de nos folâtres salons. Et si, pour être mieux vue, la tulipe, belle, mais dépourvue de parfum, se dresse, solitaire, au sommet de sa tige verticale, la violette, à peine sortie de terre, se voile de son propre feuillage, au milieu de ses sœurs réunies avec elle sur le même pied. Son parfum, plus délicat que péné-

trant, n'est sensible qu'à petite distance,
comme le mérite modeste ne se révèle, pour
ainsi dire, que dans l'intimité. La violette
redoute l'insolation qui la fatigue, et la modestie s'effraie de l'éloge qui la gêne. La
violette est surtout la fleur du printemps,
la modestie est la vertu qui sied le mieux au
jeune âge. Et ne dirait-on pas qu'au parfum
suave de la fleur correspond parfaitement
l'aménité naturelle de la vertu; comme,
aussi, aux principes adoucissants que la
violette contient dans toutes ses parties, correspond le caractère modérateur que la modestie porte toujours dans sa parole et dans
ses actes. Enfin la combinaison du rouge et
du bleu, qui donne à la violette une teinte
si douce, ne semble-t-elle pas symboliser
cette union de la pureté céleste et de l'ar-
dente charité qui donne à la modestie tant
de charme!

HARMONIES DU FRUIT.

Le fruit est le dernier terme de l'évolution phytologique, le but final de la plante
qui doit se continuer ainsi dans l'espace et
dans le temps. Aux harmonies qui ont préparé sa naissance succèdent désormais d'autres harmonies, qui viennent assurer son
bien-être et concourir à son complet développement.

Essayons d'apprécier du moins celles qu'il
importe le plus de connaître.

Issu de la fleur, le fruit en occupe la place.
Il est donc, comme elle, harmoniquement
distribué pour que chaque rameau ait à la
fois sa richesse et son ornement. Cet épar-
pillement, où préside l'ordre le plus parfait,

est ici d'autant plus nécessaire que le fruit,
beaucoup plus lourd que la fleur, ne pourrait sans inconvénient être condensé sur un
seul point. Bien plus, il tient à la plante
d'autant plus solidement qu'il doit être soumis à de plus rudes épreuves. Ainsi, dans le
pin, tout nous annonce que le fruit est apte à
supporter même toutes les violences de l'air.
Chaque amande est fortement établie dans
une cellule hermétiquement close et qui
est calculée de telle sorte que les efforts
de l'aquilon tendent bien moins à l'ouvrir
qu'à la fermer; de plus, les cellules elles-
mêmes, pour n'en être pas trop agitées, se
groupent en pomme conique et se consoli-
dent réciproquement. Il est évident, au contraire, que la pêche est faite pour un milieu
tranquille et qu'elle exige du moins un site
abrité, car c'est un fruit isolé, délicat, qui,
par son volume, présente au vent trop de

prise. Le plus grand ennemi des fruits est,
en effet, l'ouragan, qui parfois les fait tomber à l'heure même qui devait en parfaire
la maturation; comme ces tempêtes de l'âme
qui peuvent dégrader, près de sa fin, toute
une vie de mérite et d'honneur.

Le langage ordinaire confond avec le fruit
ce qui n'en est souvent qu'une partie accessoire, comme il donne presque toujours aux
enveloppes florales le nom de fleur. Dans la
cerise, par exemple, le fruit n'est pas la
pulpe qui enveloppe le noyau, mais c'est
l'amande ou plutôt l'embryon qu'elle contient, car l'embryon ne manque jamais, tandis qu'un grand nombre de fruits n'ont ni
pulpe ni noyau.

Or, à ne considérer que cette simple
cerise, voyez comme tout s'y dispose pour
l'agrément de l'homme et pour le bien-être
de l'embryon. D'abord ce petit végétal en

miniature est protégé par le double tégument de l'amande qui doit être sa première
nourriture. Cette amande est solidement
close dans le noyau formé par la partie interne du péricarpe. Rien ne manque donc
au nouveau-né, puisqu'il a tout à la fois
son aliment et son abri. Le noyau s'entoure
pour nous d'une substance rafraîchissante
qui flatte le goût, et cette substance se revêt
d'un épiderme coloré qui plaît au regard.

Dans chaque espèce de fruit, pour ainsi
dire, l'embryon est protégé d'une manière
différente : depuis la noix, s'enveloppant
d'un brou amer qui répugne au suçoir de
l'insecte, jusqu'à la châtaigne, se hérissant
de rayons acérés qui déconcertent le bec de
l'oiseau. Dans la banane et dans le coco,
le germe est enfermé sous une coque impé-
nétrable, tandis qu'il est complètement dépourvu d'abri, dans une foule de microphytes.

Ces microphytes sont doués, il est vrai, d'une singulière puissance végétative, et destinés souvent à tomber dans l'eau, comme une manne abondante, pour alimenter le fretin.

Le fruit fut, pour ainsi dire, la première nourriture de l'homme. C'est un aliment qui nous invite d'autant plus à le cueillir qu'il nous vient tout préparé des mains de la Providence.

Sa forme, d'ailleurs très-variée, tend plus ou moins à être sphérique. C'est une condition doublement harmonique : la forme sphérique est d'abord la plus parfaite, et présente aussi le plus de surface aux rayons du soleil.

Le passage d'une forme à l'autre, dans les espèces qui sont voisines, est assez fréquent. Cette transformation réciproque est comme un air de famille qui relie entre elles ces espèces. Par exemple, la poire est oblongue, tandis que la pomme est arrondie ;

mais il est des poires qui affectent la forme
de pomme, et des pommes qui affectent, à
leur tour, la forme de poire. C'est ainsi que
nous avons dans les fruits de la famille des
rosacées : l'abricot-pêche, la pomme-figue,
la prune-pêche, la pêche-cerise.

Tous les fruits n'ont pas pour nous les
qualités alimentaires. Ceux que produisent
les arbres forestiers, ne sont propres qu'à
nourrir les animaux. Il est des fruits dont
l'usage nous serait funeste. Il en est qui,
toxiques pour nous, sont recherchés par
tel ou tel animal, qui les préfère même aux
meilleurs produits de nos jardins.

Le volume du fruit est régi par des lois
qui se combinent pour produire l'harmonie
jusque dans les faits qu'on croirait parfois
irréguliers. D'abord une proportionnalité
bien naturelle assigne aux arbres les fruits
les plus grands, aux plantes herbacées les

fruits les plus petits. Quelques végétaux semblent se dérober à cette loi. Ainsi le fruit du chêne est exigu, tandis que le fruit du melon est très-volumineux. Mais, pour ne pas nous méprendre sur ces particularités, qui sont elles-mêmes des harmonies, passons à cette autre condition que le bien-être de la plante exige : c'est que le volume du fruit soit en rapport inverse avec la hauteur du point d'attache. Ceci nous prépare à comprendre que le fruit du chêne et le fruit du melon, qui sont placés à des hauteurs bien différentes, doivent avoir un volume tout opposé. Cette seconde loi de proportionnalité est toujours satisfaite, non-seulement d'une plante à l'autre, mais encore dans les parties de la même plante. Ainsi, dans un arbre quelconque, les rameaux, les feuilles, les fleurs et les fruits, c'est-à-dire tous les appendices, sont de moins en moins

volumineux à mesure qu'ils occupent sur la
tige un point plus élevé. Le tronc lui-même
s'atténue à mesure que sa hauteur augmente. Il serait étrange, en effet, qu'il eût
à la base un diamètre plus petit qu'au sommet ; car, comme condition de résistance et
de stabilité, tout support doit être calculé
selon le poids qui lui est superposé. De plus,
le centre de gravité doit être le plus près possible du point d'appui. C'est ainsi que les
branches les plus fortes sont les plus inférieures, et qu'à ces branches les plus fortes
sont fixés les fruits les plus lourds.

Avant d'aborder d'autres points qui con-
cernent le chêne et le melon, notons que
les deux lois de proportionnalité se conci-
lient parfaitement dans ces deux végétaux,
car la masse de leur produit respectif est en
rapport avec les dimensions relatives de la
plante ligneuse et de la plante herbacée.

Seulement le chêne éparpille ses glands,
tandis que le melon groupe ses graines.
Et ce n'est pas sans raison que ces deux plantes se comportent d'une manière si différente. Le chêne, en distribuant ses glands
sur mille points, en diminue le poids, puisqu'il leur donne, en somme, plus de surface.
Le melon, qui ne pourrait alléger suffisamment son fruit, s'en décharge sur la terre
elle-même et, par ce moyen, remplit une
autre condition bien essentielle. Car, pour
qu'un fruit aussi volumineux puisse, sous
un doux climat, devenir si éminemment
savoureux, il faut qu'aux rayons directement venus du soleil s'ajoutent les rayons
réfléchis par le sol.

L'abondance du fruit est harmoniquement calculée : la plante produisant, en
effet, d'autant plus qu'elle doit répondre à
plus de besoins. S'il faut, par exemple,

qu'elle serve de nourriture à de nombreux animaux, on prévoit qu'elle n'échappe à l'anéantissement que par l'extrême multiplicité de son fruit. Ajoutons toutefois que, par une harmonie auxiliatrice, les animaux qui la consomment sont maintenus dans une certaine limite par des carnassiers, restreints à leur tour par des carnivores mieux armés ou plus forts, jusqu'à ce que l'homme intervienne lui-même pour réduire à de justes proportions les animaux les plus puissants. Cet enchaînement de modérateurs respectifs s'oppose à la destruction complète de toute plante et de tout animal.

Quant aux fruits destinés à notre usage, nous pouvons en étendre plus ou moins la culture et nous pouvons, par la taille, en restreindre les produits. Mais, dans l'exercice de cette souveraineté que Dieu nous a faite, sachons mettre une mesure convenable, et

n'oublions pas que nous perdons toujours à
troubler l'équilibre si sagement établi dans
la nature. Ainsi toute plante dégénère, quand
elle est cultivée sur une trop grande surface; comme aussi, quand on force la plante
à produire des fruits trop volumineux, ces
fruits, le plus souvent, n'acquièrent le volume qu'aux dépens de la qualité.

Notons, en passant, un caractère distinctif entre la culture des fleurs et celle des
fruits. La culture des fleurs n'est, pour ainsi
dire, qu'un loisir; si elle imposait un rude
labeur, la disproportion entre la peine et le
produit serait trop grande. La culture des
fruits exige, au contraire, d'autant plus de
travail que les fruits ont, en réalité, plus
d'importance; et c'est ainsi que s'établit une
relation directe entre la récompense et l'effort. Ajoutons que la nécessité absolue du
travail pour obtenir les fruits indispensables

est un décret providentiel contre l'oisiveté,
mère de tous les vices. Si les fruits nécessaires à l'homme lui venaient d'eux-mêmes,
ne sembleraient-ils pas favoriser, pour ainsi
dire, son indolence. Toutefois, dans les climats chauds, où le travail est plus pénible,
la nature devient pour l'homme un auxiliaire
plus actif; et, sur tous les points du globe,
lorsque la culture dépasse nos forces, par
exemple, la culture des forêts, c'est la Providence alors qui s'en réserve tout le soin.

La nature, comme le nombre des fruits,
est en harmonie parfaite avec les saisons
comme avec les climats. Et d'abord quelle
admirable sagesse dans les libéralités de la
Providence, qui n'a pas fait naître toutes les
sortes de fruits à la même époque et sur
tous les points du globe! et puis, quelle
merveilleuse économie dans cette prodigieuse abondance qui se distribue partout

d'une manière successive! Mai commence
la série des fruits et décembre la termine.
Chacun des mois intermédiaires, pour graduer la transition, continue plus ou moins
les fruits du mois qui précède et prélude
plus ou moins à ceux du mois qui suit.
Mais, en même temps, il se caractérise lui-
même par un fruit qui lui est propre ou qui
se distingue alors par sa qualité supérieure
ou par son extrême quantité. Ainsi, mai nous
donne plus particulièrement la fraise, si
parfumée; juin, la groseille, la fram-
boise, la cerise, toutes trois si succulen-
tes; juillet produit la mirabelle si fine et
le melon si rafraîchissant; nous devons
au mois d'août l'abricot à pulpe si délicate et la reine-claude à pulpe exquise;
septembre nous donne la pêche et le raisin,
c'est-à-dire le fruit le plus beau et le fruit le
plus riche; octobre produit la figue la plus

parfaite, la poire la plus fondante et l'o-
range la plus sucrée; novembre nous donne
la poire qui compense par sa durée ce qui
peut lui manquer en finesse, et la pomme
rainette, qui rachète par la suavité de sa
pulpe l'austérité de sa couleur; décembre
enfin nous prodigue et la poire et la pomme,
qui sont la ressource précieuse de l'hiver.

Dans l'ordre sérial de ces fruits une
première harmonie se manifeste : c'est que
les fruits à noyau sont, en général, plus
précoces, tandis que les fruits à pépins se
conservent beaucoup mieux; une seconde
harmonie réside dans la nature même de
ces fruits qui sont, les uns comme les autres, plus spécialement assortis aux saisons
qui les produisent. Les fruits à noyau sont
plus rafraîchissants que nutritifs, ils con-
viennent mieux dans la chaude saison, et,
comme ils se succèdent très-vite sans dis-

continuité, ils ajoutent à leur qualité naturelle le privilége d'une continuelle diversité.
Il est, au contraire, essentiel que les fruits
de l'arrière-saison, qui mûrissent plus lentement, aient aussi plus de durée, puisqu'ils
doivent être une réserve précieuse pour la
période improductive de l'hiver.

La saveur des fruits est d'autant plus
diverse qu'elle diffère d'abord d'une espèce
à l'autre, et puis, dans les nombreuses variétés de chaque espèce. Plus ou moins sucrée, selon les climats et selon les saisons,
elle s'aiguise souvent d'un léger acide. Parfois elle se parfume d'un arome que le goût
discerne aisément, mais qui n'a pas toujours
son expression précise dans le langage. Tout
se modère dans les zones tempérées, et de
même que la fleur y présente un éclat qui
plait sans éblouir, un parfum qui flatte l'o-
dorat sans le fatiguer, de même les fruits

y sont doués d'une saveur qui satisfait le
goût sans l'émousser. Pour compléter l'harmonie, le fruit, qui doit être très-nutritif
dans les zones glaciales et très-rafraîchis-
sant dans les climats chauds, participe plus
ou moins de ces deux qualités dans les zones tempérées.

Le nombre indéfini des saveurs rend
plus merveilleuse encore l'identité, pour
ainsi dire, de leur composition. L'analyse
chimique la plus délicate ne parvient guère
à signaler une différence proportionnelle
dans les principes constituants, soit de la
substance douce qui sucre le fruit, soit de
l'huile essentielle qui le parfume. Cette
huile essentielle s'acidifie plus ou moins
vite ; il en résulte que tout fruit mûr n'est
dans sa parfaite qualité que lorsqu'on vient
de le cueillir. Cette altération de l'huile
essentielle, qui s'acidifie, est plus ou moins

rapide, selon les fruits; elle est surtout
sensible dans l'abricot cueilli depuis deux
ou trois jours.

En général, les fruits sauvages sont acer-
bes. Les fruits cultivés sont plus sucrés et
plus fins. Pourvus d'une grande abondance
de suc, les fruits de nos vergers sont peu
nutritifs, mais très-rafraîchissants. Ajoutons que les fruits sont d'autant plus nutritifs qu'ils ont moins de suc, et qu'ils rafraîchissent d'autant plus qu'ils en contiennent
davantage. Ainsi la figue est plus nourris-
sante que la cerise, et la groseille est plus
rafraîchissante que l'abricot.

Les saveurs moyennes sont celles qui
nous plaisent le plus, parce qu'elles ne fatiguent pas nos organes. On peut même dire
que toute saveur intense annonce que le fruit
est moins un comestible qu'un assaisonne-
ment; et bien que l'estomac n'admette guère

avec faveur les fruits tout-à-fait insapides,
cependant il s'accommode encore mieux
d'une saveur excessivement faible que d'une
saveur excessivement forte, qui ne tarde pas,
en effet, à produire un sentiment de répu-
gnance. Le pain ne fatigue jamais, la figue
fatiguerait vite; et, pour prendre des termes
plus rapprochés l'un de l'autre, par exemple, deux variétés du même fruit, le chas-
selas de Fontainebleau aurait, sur le raisin
muscat, l'avantage qu'a, sur la figue, le froment. A propos du froment, remarquons les
deux priviléges harmoniques de cette plante
essentiellement alimentaire. Sa faible saveur
lui permet de ne pas importuner le goût et
de pouvoir accompagner tout autre fruit,
dont il laisse dominer la saveur, ne se réservant que sa propriété nutritive, qui le constitue le plus nécessaire de tous les fruits.

La nature et le nombre des fruits est en

correspondance parfaite avec les saisons comme avec les climats. L'hiver, il est vrai, ne fait naître aucun fruit, mais il les prépare tous; et, à ce titre, il mérite bien d'avoir ceux que lui lègue l'automne, fruits qui lui sont tellement destinés qu'ils n'arrivent que pour lui à leur complète maturité. Le printemps profite un peu, aussi, de la réserve automnale jusqu'à ce qu'il produise lui-même son premier fruit.

La poire prédomine au verger, parce que, dans ses qualités supérieures, elle offre plus de variété que tous les autres fruits. Et nous voyons reparaître ici cette loi de balancement entre l'utile et le beau, que nous avons tant de fois signalée. Ainsi la plus délicieuse des poires, la joséphine de Malines, si riche de sucre et d'arome, est de forme chétive et de teinte verdâtre, tandis que la belle angevine, splendide de forme et de co-

loris, n'a pas plus de saveur que de parfum. De même, la pomme reinette, qui
prime toutes les pommes, et la prune reine-
claude, qui prime toutes les prunes, sont,
l'une et l'autre, de chétive apparence. Cette
harmonie compensatrice se manifeste encore, quand on considère le volume respectif des fruits dans une même espèce. Le
fruit le plus petit est ordinairement le plus
savoureux. Ce n'est pas qu'un fruit ne puisse
absolument réunir à la fois tous les avantages; car alors la puissance divine semble-
rait avoir des limites. Du moins, à toutes les
variétés que l'imagination peut concevoir, il
manquerait une sorte de complément, s'il
n'était pas un seul fruit qui satisfît à la fois
la vue, l'odorat et le goût. Ainsi la pêche
réunit le quadruple privilège de la forme,
du coloris, de la saveur et du parfum. Mais
l'utile et le beau, quand ils sont au degré

superlatif, ne se trouvent guère associés, sans toutefois s'exclure absolument. De même la beauté physique et la beauté morale, quand elles sont au degré le plus éminent, ne sont pas incompatibles sans doute, mais s'accompagnent rarement.

Ce n'est pas seulement d'une plante à l'autre, mais encore dans des familles entières, que règne cette loi de pondération entre l'utile et le beau. Prenons, pour exemple, deux grandes familles établies sur des types bien différents : les graminées et les rosacées. Aux graminées est dévolue l'importance, l'utilité : depuis le froment, notre aliment par excellence, jusqu'à l'herbe, nourriture de nos bestiaux. Aux rosacées appartient l'agréable, le gracieux : depuis la rose, reine de nos parterres, jusqu'à la pêche, reine de nos vergers.

Le fruit n'est comestible, n'est salubre

qu'à sa parfaite maturité. Le plus savoureux même ne doit être mangé qu'avec réserve, parce qu'il retient toujours une certaine quantité d'acide malique, qui est si
dominant dans le fruit encore vert. Cet
acide, très-utile en petite proportion, devient irritant, quand il est en excès. Quelle
leçon d'hygiène nous donne ici l'instinct
des animaux !

L'animal sauvage choisit toujours et ne
s'indigère jamais, même aux jours d'extrême abondance. L'oiseau qui, par son
activité digestive, ne peut supporter la diète,
reste cependant dans la limite exacte de ses
besoins sur l'arbre chargé de fruits, comme
le lièvre au milieu de prodigues guérets,
comme la loutre dans le lac le plus poisson-
neux. Quelquefois l'animal semble gaspiller
à plaisir les produits de la forêt qui le loge
et le nourrit. Mais, comme rien ne se perd

dans la nature, une condition harmonique s'accomplit, sans doute, en ce désordre
apparent. Ainsi la guenon, naturellement
turbulente et taquine, se plaît souvent à
convertir les fruits secs en projectiles, pour
jouer avec ses compagnes, ou bien encore
pour chasser au loin les perruches qui
l'ennuient de leur monotone caquet. Le sol
est bientôt jonché de débris; mais, prenez-
y garde, ces débris deviennent de riches
provisions qu'une foule de rongeurs nocturnes transportent, le soir, dans leur terrier.

Parmi nos fruits décoratifs, la prune mirabelle est jaune, celle de Riom est rose,
la prune monsieur est violacée, celle de
Briançon est jaune, celle de Damas est
bleue, celle de Jérusalem, violette. La prune-
pêche et la prune diaprée ont de riches
reflets.

La pomme galo-bayeux est magnifiquement carminée, la pomme calville est jaune ou rouge, celle d'Astrakan est d'un jaune tendre et laisse presque entrevoir sa chair blanche comme neige. La pomme final est jaune et rose pourpré. La pomme d'or est teintée d'un jaune éclatant.

La poire d'Amboise est mi-partie d'un vert jaunâtre et mi-partie d'un rouge carminé. La bellissime est d'un rouge écarlate, la sieulle est d'un jaune citron, et la poire de Janvry associe richement les deux teintes. La poire d'Ezée est jaune, verte et rose; la poire salviati est jaune citron. La belle angevine, remarquable d'abord par son grand volume et sa forme normale, est lavée de jaune d'or et de rouge carminé ; la poire bore est de couleur cannelle. La poire fin or a beaucoup d'éclat; la poire seckle, si gracieuse de forme, a le plus charmant coloris formé de jaune et de carmin. La poire belladone est d'un rouge orangé, la poire payenche est d'un jaune vif.

La pêche des urbanistes est d'un beau jaune orangé. La pêche-cerise est petite, mais vivement colorée. Dans la pêche madeleine s'interposent agréablement le violet, le rose, le jaune et le vert. Et puis comment ne pas citer la pêche blonde, la pêche pourprée, la pêche admirable!

Signalons une circonstance remarquable. La Providence se cache parfois dans ce que le vulgaire appelle le hasard. Deux de nos poires les plus estimées furent trouvées, tout naturellement produites : l'une, la poire de Payenche, dans le département de la Dordogne; l'autre, la bonne d'Ezée, dans le département d'Indre-et-Loire.

L'automne, donateur généreux, lègue à l'hiver, avec la meilleure des pommes, plusieurs poires supérieures, notamment la

poire truitée, la poire muscat Lallemand, la
poire royale, la poire crottée, les poires dou-
ville, bachassaie, Colmar, duchesse de mars ;
celles d'Arenberg, de Rance, de Chaumon-
tel, de Quessoy, de Sarthenay, d'Alençon,
la fortunée, l'angélique, la belle alliance, la
carmélite, la sieulle, la crassane, la nonpa-
reille, la belle de Thomas, la bellissime, la
poire fin or.

A mesure que la maturation s'accomplit, la feuille et la tige se dessèchent, non
par évaporation, mais par épuisement au
profit du fruit. C'est vers le fruit que se
portent, en effet, toutes les provisions mises en réserve pour lui dans toutes les différentes parties de la plante. Ainsi s'explique et se justifie dans l'agavé l'exagération
apparente et de ses racines nombreuses et
profondes, et de ses feuilles à la fois très-
épaisses et longues d'environ deux mètres.

C'est que le fruit se développe en panicule sur une hampe qui, en quelques jours, atteint 5 à 6 mètres de hauteur et simule alors un grand et beau candélabre.

A sa complète maturité, le fruit tombe et se sème naturellement par sa chute. S'il contient plusieurs graines sous une dure enveloppe, il est alors déhiscent, c'est-à-dire qu'il s'ouvre sur plusieurs points, symétriquement disposés et répondant, par leur nombre, à celui des carpelles. Chaque loge ayant ainsi son point de déhiscence, il en résulte que les graines se distancent d'elles-mêmes en tombant sur le sol, afin de ne pas se nuire par leur contiguité. Quand la graine est unique, le fruit peut être indéhiscent. Mais que de variétés encore ici, depuis l'akène de la chicorée jusqu'au caryopse du froment. Diverses circonstances peuvent contrarier ce mode naturel de se-

mis. Aussi presque toutes les graines con-
servent-elles très-longtemps leur vitalité.
Quelques-unes, par exemple, accidentelle-
ment enfouies à des profondeurs géologiques, ont pu germer, bien qu'âgées de plusieurs siècles, dès que des fouilles fortuites
les ont ramenées sous l'influence solaire,
c'est-à-dire dans les conditions normales
de leur développement.

Dans un grand nombre de plantes, le semis
s'effectue par divers intermédiaires. La graine
du peuplier, comme celle de l'orme, est petite; l'une et l'autre, pour se faire transporter à grande distance, s'appuient sur les
ailes du vent: la graine de l'orme, par son
parachute membraneux; celle du peuplier,
par son auréole soyeuse. La graine assez
lourde de plusieurs fruits à noyau se trouve
disséminée par divers oiseaux, notamment,
qui mangent la pulpe et rejettent le noyau!

Ce sont les courants marins qui, le plus souvent, transportent d'une ile à l'autre la graine du cocotier. Cet arbre, si précieux dans les contrées intertropicales, croît naturellement sur les bords de la mer, dans des sables imbibés d'eau salée. Les vagues qui l'entraînent, sans en altérer la faculté germinatrice, la dispersent à de grandes distances. Cette graine volumineuse exigeant un mode de transport très-puissant, voyez par quelle harmonie secondaire la Providence transforme en véhicules réguliers ces courants marins, qui semblent aller d'un rivage à l'autre, sans direction et sans but. La graine du cocotier, qui est laiteuse avant sa maturité, finit par se solidifier en fécule nutritive; et cette modification est, en réalité, conforme à celle de tous les autres fruits. Celui du bananier, qui répond si bien encore aux besoins des régions intertropicales, est d'abord gommeux et puis devient solide. Car, dans tous les fruits, la proportion d'eau diminue à mesure que s'accomplit la maturation ; et ce qu'il y a de bien remarquable, c'est que, par exemple, la cerise, l'abricot, la prune, qui contiennent d'abord des quantités d'eau notablement différentes, n'en ont guère, à leur complète maturité, que la même proportion. Citons encore une autre concordance relative au climat. Tout fruit contient du sucre, mais plus ou moins, selon son espèce et, pour les mêmes espèces, selon le climat; car le sucre est une substance antiseptique, bien plus nécessaire vers l'équateur que vers le pôle. La cerise, l'abricot et la prune, qui appartiennent à la zone tempérée, présentent à peu près une égale quantité de sucre, comme une égale quantité d'eau ; et cette proportion de sucre est moyenne, pour être en rapport avec la moyenne latitude où mûrissent ces fruits.

Parmi les fruits charnus, les uns n'ont pas de noyau, comme la baie de la groseille; les autres ont un noyau, comme la drupe du prunier.

Le fruit peut être ou simple, comme la cerise; ou multiple, comme la fraise; ou composé, comme la figue. Enfin, parmi les fruits secs ou charnus, simples, multiples ou composés, les uns sont induviés et les autres ne le sont pas. L'induvie n'est qu'une partie de la fleur qui a persisté dans le fruit. Le gland a, pour induvie, la bractée; la mûre a, pour induvie, le calice; et la figue, le réceptacle.

Cette indéfinie variété, qui se propage dans les plus petits détails, est une des plus grandes harmonies de la nature, parce qu'elle inscrit partout ce caractère propre aux œuvres divines: diversité dans l'unité.

Terminons par une sérieuse réflexion, qui a toujours gouverné notre professorat et qui sera comme le couronnement, aussi, de ce livre.

Tout arbre est jugé bon ou mauvais, selon la qualité de son fruit. Il en est de même de toute doctrine, de tout enseignement. La sagesse doit être le fruit naturel du savoir, car le vrai ne peut mener qu'au bien. Sans la vertu, le génie lui-même ne serait plus le flambeau qui rayonne la lumière, mais la torche qui porte l'incendie. Ainsi, pour justifier dignement son noble titre, l'éducation doit élever à la fois le niveau des idées et des sentiments; elle doit être, pour chacun, le développement harmonique de l'intelligence et du cœur; elle doit être, pour tous, l'enseignement parallélique des devoirs et des droits; elle doit avoir pour programme, Dieu, famille et patrie

TABLE DES MATIÈRES

Bayonne, imp. de veuve Lamaignère.

Ouvrages du même Auteur:

HISTOIRE NATURELLE

DANS SES APPLICATIONS GÉOGRAPHIQUES,

HISTORIQUES ET INDUSTRIELLES.

(3 édition).

OUVRAGE AUTORISÉ DANS LES ÉCOLES PUBLIQUES

Par S. Exc. M. le Ministre de l'Instruction Publique,

en date du 8 décembre 1863

PETITES LEÇONS DU GRAND PAPA

(2e édition).

GÉOGRAPHIE ÉLÉMENTAIRE

(1re édition).

Sous presse:

GÉOGRAPHIE GÉNÉRALE

(2e édition).

HISTOIRE NATURELLE DES ANIMAUX SUPÉRIEURS

AVEC FIGURES COLORIÉES

(2e édition).

BAYONNE, typographie de veuve LAMAIGNÈRE, rue Chégaray, 39.

Imprimé en France
FROC021001220120
23239FR00017B/209/P

9 782329 363547